全国高职高专计算机系列精品教材

网络信息管理系统

主 编 李 刚

中国人民大学出版社
·北京·

前　言

目前，互联网的应用已经非常普及，利用互联网的信息管理系统可以有效地加工和管理信息。网络信息管理系统在政府机构、企业以及个人的业务、人事、财务等信息管理工作中处于重要的地位，很多政府机构、企业都非常重视网络信息管理系统的建设。因此，非常有必要学习和了解网络信息管理系统的相关知识，以便适应网络信息管理的需要。

网络信息管理系统需要利用网络数据库存储数据、利用网页程序浏览和接收信息、利用网站发布信息。本书全面地介绍了网络信息管理的知识，读者通过学习可以基本具备建立网站、发布信息、管理信息的技能。本书内容安排见如下所述：

第1章，网络信息管理系统应用技术概述。本章主要介绍网络信息管理系统的应用前景，说明网络信息管理系统的开发过程，以及网络信息管理系统应用中可能存在的风险。在互联网的应用中，网站可以发布信息，所以本章还介绍与网站应用有关的软件和硬件的知识。

第2章，构建网络信息管理系统的开发环境。本章主要介绍构建网站需要安装的软件，安装和测试 AppServ 软件建立网站的过程，说明个人或企业利用网络建站发布信息的方法。

第3章，MySQL 数据库管理系统。本章主要介绍 MySQL 的职能，以及分析数据、建立数据库模型的知识。学生应重点掌握利用 MySQL 软件建立数据库和数据表的方法，学会灵活运用操作命令管理网络数据的技能。本章是网络信息管理系统知识的核心内容，需要进行大量实际操作才能掌握数据管理的相关知识。

第4章，设计网页程序。本章主要介绍常用的设计网页程序的 HTML 语句，阐述网页程序的设计方法。互联网的信息通过网页程序以网页页面的形式供浏览者浏览。学生应重点掌握网页页面元素的设计技巧，灵活掌握表单及其表单元素的使用。

第5章，PHP 网页程序设计语言。本章主要介绍 PHP 技术的基础知识，阐述建立动态网页程序实现客户端与服务器端交互加工数据的技术。学生在学习第4章和第5章时应当结合具体应用，掌握设计交互处理网页程序的方法。

第6章，利用 PHP 技术管理数据库的数据。本章主要介绍 PHP 连接服务器和数据库的方法，阐述利用 PHP 技术设计动态网页程序加工数据库数据的技术。

第7章，教学管理网络系统开发案例。本章以教学信息管理系统为案例，主要介绍了利用网络实现信息管理的方法。通过引述案例表介绍管理网络信息的方法，讲解网络信息管理系统的开发过程。

学习网络信息管理系统开发的知识需要大量的上机实践操作，为了便于学生的学习，本书列举了大量案例，可以上机调试和学习。

参加本书编写的有胡盛、王昕、郝鑫佳。本书在编写过程中得到了中国人民大学出版社

1

的大力支持,在此表示感谢。由于当前的计算机技术发展较快,书中难免有遗漏和不当之处,恳请读者批评指正。

编　者

2011.7

《网络信息管理系统》学习指导

1. 学习目标

（1）网络信息管理系统是利用互联网管理信息和发布信息的软件系统。它在政府机构、企业、以及个人的信息管理工作中处于重要的地位。典型的应用有电子政务、电子商务、网络金融系统、网络教学、网络商城等。这些系统的应用为政府、企业的管理带来了便利。随着互联网技术的普及，网络信息管理系统的建设得到了重视。因此有必要学习网络信息管理的知识，了解网络处理信息的技术，掌握自主发布和管理网络数据的技能。

（2）网络信息管理系统的应用从技术角度需要做好以下三方面工作：利用网络数据库存储数据；设计网页程序为浏览者提供浏览和接收信息的网页页面；建立网站利用网站发布信息。所以，本书全面介绍网络数据管理的方法、网页程序设计的知识、利用网站发布信息的知识。

通过学习本书，读者应当掌握以下技能：

①利用 Apache 服务器软件建立网站发布信息。

②利用 MySQL 数据库管理系统存储、加工和管理数据。

③利用 Dreamweaver 软件和 PHP 技术设计网页程序供浏览者浏览。

通过学习，读者能够按照本书介绍的内容自行建站发布信息供浏览者浏览。

2. 学习内容

读者学习网络信息管理的知识应当从理论和实践两方面进行，应当注重实践操作环节。所以读者可以参照本书第 2 章的内容下载和安装 AppServ 软件，为学习本书做好前期准备工作。

表 0—1 给出各章教学/实践时间安排、主讲内容、重点和难点（＊表示重点程度）、学习目的。建议本书理论学习 45 小时，实践操作 25 小时，共计 70 小时。

表 0—1　　　　　　　　　　学习本书的内容安排

章节	教学/实践	主讲内容	重点	难点	学习目的
1	2/0	网络信息管理系统的应用前景和存在的风险			结合典型案例如网络购物、网络银行的应用，了解网络信息管理的应用前景和存在的风险
		网络信息管理系统的开发过程	＊＊	＊	结合案例了解开发网络信息管理系统软件各个阶段要做的工作
		网络信息系统的加工原理	＊		结合典型案例体会客户端和服务器端数据处理的特点
		网站及网站的软、硬件配置	＊＊＊	＊＊	掌握网站的职能，网站应当配置的硬件和软件

续前表

章节	教学/ 实践	主讲内容	重点	难点	学习目的
2	1/1	介绍 AppServ 软件的职能、下载、安装、测试方法	**	*	实践操作：安装和测试 AppServ 软件。掌握\Appserv、\Appserv\www、\Appserv\MySQL 文件夹的作用
		介绍 Dreamweaver 软件的职能、下载、安装方法			实践操作：安装和测试 Dreamweaver 软件
		介绍构建网站，发布信息的方法	**	*	实践操作：将计算机配置成具有固定域名可以发布信息的网站。体会 127.0.0.1 的作用
3	9/5	介绍数据分析的方法，结合实际应用建立数据库模型		*	结合实际案例分析数据的构成设计数据库数据表
		介绍管理数据库用户的方法和操作命令	*	*	掌握增加、删除、设置用户权限的命令
		介绍维护数据库的操作命令	**	*	掌握显示、建立、删除、打开数据库的操作命令
		介绍维护数据表的操作命令	**	*	掌握显示、建立、删除、修改、换名数据表的操作命令
		介绍维护数据表记录的操作命令	**	**	掌握增加、删除、修改数据表记录的操作命令
		介绍检索数据表记录的操作命令	***	**	掌握检索数据表的记录的操作命令
		介绍利用 phpMyAdmin 软件管理数据库数据表的方法			了解 phpMyAdmin 软件的使用
4	9/4	介绍建立网页程序的方法和常用标签的应用	*		掌握建立网页的方法。掌握常用标签的使用，根据实际需要建立网页程序
		介绍表格标签和超级链接标签的应用	**		利用表格标签建立表格。掌握使用超级链接的各种技巧
		介绍表单及其元素的使用方法	***	**	掌握表单的原理，应当注意的问题。完成章节例题
		介绍表单验证技术的使用方法	***	**	掌握表单验证技术的使用。完成章节例题
5	9/5	介绍 PHP 程序设计的基础知识变量、表达式的书写规范	*		掌握变量、表达式的使用规则
		介绍数组的应用	*	*	掌握数组的使用规则。会解决实际问题
		介绍函数的应用	**	*	掌握函数的使用规则，利用函数解决实际问题。完成章节例题
		介绍程序控制语句	***	**	会设计简单程序，完成章节例题
		介绍自定义函数的应用	***	**	会设计简单程序，完成章节例题

续前表

章节	教学/实践	主讲内容	重点	难点	学习目的
6	9/4	介绍 PHP 网页程序连接服务器的技术	*		掌握连接服务器的语句
		介绍 PHP 网页程序连接数据库的技术	*		掌握连接数据库的语句
		介绍 PHP 网页程序维护数据库的操作方法	**	*	会设计简单程序，完成章节例题
		介绍 PHP 网页程序维护数据表的操作方法	**	**	会设计简单程序，完成章节例题
		介绍 PHP 网页程序维护数据表记录的操作方法	***	**	会设计简单程序，完成章节例题
7	6/6	介绍网络信息管理系统开发的基本过程	*		结合案例体会网络信息管理系统开发过程
		介绍主页程序的设计方法	*		会设计简单程序，完成章节例题
		介绍统计程序的设计方法	**	*	会设计简单程序，完成章节例题
		介绍查询程序的设计方法	**	*	会设计简单程序，完成章节例题
		介绍增加、删除、修改数据的网页程序的设计方法	***	**	会设计简单程序，完成章节例题

3. 实践环节

学习网络信息管理系统开发的知识需要大量的上机实践操作，这样便于学生掌握有关知识。

本书第 2 章介绍配置网站的技巧；第 3 章介绍存储数据的技巧；第 4 章、第 5 章介绍设计网页程序的方法；第 6 章介绍数据库与网页程序交互处理信息的方法；第 7 章结合案例介绍网络信息系统设计和开发的过程等内容需要上机调试。书中列举了大量案例，由浅入深地介绍计算机处理信息的原理和过程。本书中的实践题目及实践目标见表 0—2。

表 0—2   **本书中的实践题目及实践目标**

实践题目	实践目标
安装软件	(1) 到 http：//www. appservnetwork. com 网站下载 AppServ 软件 (2) 安装 AppServ 软件，查看 \ AppServ \ 文件夹是否存在 (3) 测试 AppServ 软件，查看 http：//127.0.0.1、查看 MySQL 软件 (4) 安装 Dreamweaver 软件，配置网站站点
用户管理	(1) 增加用户。insert into mysql. user（…）values（…） (2) 显示用户。select … from mysql. user
数据库管理	(1) 显示已经建立的数据库。show databases (2) 建立数据库。create database 〈库〉 (3) 删除数据库。drop database 〈库〉 (4) 打开数据库。use 〈库〉
数据表管理	(1) 显示已经建立的数据表。show tables (2) 建立数据表。create database 〈table〉（…） (3) 删除数据表。drop table 〈表〉

续前表

实践题目	实践目标
	(4) 显示数据表结构。describe〈表〉 (5) 修改表结构。alter table〈表〉add/change/drop〈字段名〉 (6) 数据表换名。rename table〈表〉to〈新表〉
记录管理	(1) 增加记录。insert into〈表〉(〈字段名〉) values (〈值〉) (2) 删除记录。delete from〈表〉where〈条件〉 (3) 修改记录。update〈表〉set〈字段名〉=〈值〉where〈条件〉 (4) 检索记录。select〈字段名〉from〈表〉where〈条件〉 (5) 统计计算。select count () /sum () /avg () from〈表〉where〈条件〉
网页程序	(1) 设计网页背景颜色、图片、文字、文字颜色、画线 (2) 设计表格 (3) 设计超级连接 (4) 设计表单。灵活应用文本域、单选按钮、复选框、列表、按钮
PHP 网页程序设计	(1) 完成章节例题 (2) 设计计算 100 以内偶数和的网页程序 (3) 设计打印口诀表的网页程序 (4) 设计接收数据、将数据保存到数据表的网页程序 (5) 设计输入查询条件，将数据从数据表提取显示到页面的网页程序 (6) 设计输入查询条件，将数据从数据表删除的网页程序 (7) 设计统计计算的网页程序 (8) 设计导航程序；设计主页程序

目 录

第1章 网络信息管理系统应用技术概述

网络信息管理系统是相关技术人员借助互联网的技术资源对信息进行管理的软件系统，利用网络信息管理系统可以提供实时的、有效的信息管理技术。目前，网络信息管理系统已经得到了广泛的应用。

本章介绍网络信息管理系统的应用特点和存在的风险，说明开发网络信息系统的过程。

【要点提示】
1. 了解网络信息管理系统的作用、应用特点和存在的风险。
2. 了解网络信息管理系统的开发过程。
3. 掌握网络信息管理系统的工作原理。
4. 掌握网络信息管理系统的网站及其涉及的硬件资源和软件资源。

1.1 网络信息管理系统概述

1.1.1 网络信息管理系统的应用

1. 计算机信息管理系统

我们在日常学习和工作中离不开信息的加工工作，因此如何快速、有效地得到需要的信息就成为人们关注的问题。计算机的出现给信息处理带来了方便。由于计算机是加工信息的工具，利用计算机可以建立对信息管理的系统软件，利用信息管理系统可以有效地管理信息为人们提供信息服务。

计算机信息管理系统的职能是对信息进行分类、收集、存储、加工、利用。计算机信息管理系统的应用在政府机构、企业、单位等部门的业务、人事、财务等管理工作中处于重要的地位。

计算机信息管理系统通过收集信息，将信息分类存储到数据库中，构成信息资源。有了信息资源以后，人们可以加工、统计信息，并利用信息为管理工作服务，经过计算机信息管理系统软件加工得到的信息可以为管理者提供管理和决策信息服务，这样能够提高企业的管理效率和管理水平。所以，目前很多政府机构、单位都非常重视计算机信息管理系统的建设。由于计算机信息管理系统是一项复杂的系统工程，其规模有大小之分，因此应用和管理是比较复杂的。

计算机信息管理系统经历了单机应用模式、部门局域网应用模式、互联网应用模式三个阶段。

（1）单机应用模式。

单机应用模式适合一项单独的业务信息管理的工作，例如工资管理、统计报表处理等。

1

这些工作可以利用相关软件来完成，提高了数据处理的效率。单机应用模式最大的弱点是信息的共享能力弱，目前这种信息管理方式已经被淘汰。

（2）部门局域网应用模式。

部门局域网应用模式适合单位多个部门的信息管理工作，各个部门通过建立局域网将计算机连接成局域网络实现部门的信息管理工作，这样构建了部门的信息管理系统。有些单位把部门局域网络信息管理软件称作是内部网。部门局域网应用模式处理的信息保密性好、共享性好、便于信息管理。目前这种信息管理方式仍然存在，并且仍在有效地应用。

（3）互联网应用模式。

互联网应用模式适合个人、公司、政府机构利用互联网的网络资源发布信息，进行信息管理工作。互联网应用模式为浏览者和信息管理者提供了有效的信息管理技术。目前，这种信息管理模式得到了广泛的应用。

2. 网络信息管理系统

网络信息管理系统属于计算机信息管理的范畴，网络信息管理系统以信息管理为核心，借助互联网作为技术平台，通过设计适合部门管理需要的信息管理软件，完成信息管理工作。例如，网络商城（图书销售、机票订购、客房订购等）、网上考试报名系统（高考、中考报名等）、企业网站、政府网站、论坛网站、旅游网站、教育网站、网络银行等，这些都是结合各自的信息管理职能的需要，利用网络完成信息加工的典型应用。

3. 网络信息管理系统的应用特点

网络信息管理系统的应用是随着互联网的出现而产生的，互联网提供了完善的硬件环境和先进的信息通信技术，为计算机网络信息管理提供了有利的保障，同时它也能够为信息的浏览者提供灵活、方便的信息管理方法，信息的浏览者可以在具备上网的条件下登录互联网完成信息的保存、查询、浏览操作，所以网络信息管理系统有着广泛的应用前景。

网络信息管理系统的应用重点涉及网络通信和网络信息资源管理两方面内容。网络信息管理系统的应用中，无论是信息的管理者还是信息的浏览者，都是借助网络发布信息和浏览信息。信息的实时性和有效性好，为信息的加工和利用提供了方便，人们可以随时在具备上网条件的场所完成信息处理工作。

4. 网络信息管理系统的应用风险

尽管网络信息管理系统有很好的应用前景，但是在实际应用时也存在风险。网络信息管理系统的应用风险具体表现在以下几个方面。

（1）网络的畅通。

网络的畅通是指网络的传输速度是否正常和网站是否能够保证连续开机，它是网络信息管理系统的技术保证。如果不能保证网站连续开机或网络传输速度过慢，那么将影响信息处理的效率。网络速度过慢，将导致信息处理错误，特别是在维护（例如增加、删除、修改）数据时，出现网站突然关闭的情况，可能导致数据存储错误的情况发生。

（2）网站的可靠性和稳定性。

网络信息管理系统的所有信息都是保存在网站服务器中的，为了能够使网络信息系统处理信息顺畅，必须保证网站服务器可靠和稳定。网站应当具备自动备份技术、自动恢复机制和自动保护机制，一旦网站服务器出现故障应当尽快恢复，减少损失。网站应当严格防范病毒的侵扰和黑客的攻击，如果出现故障应当将损失降低到最低。

（3）网站的网页程序和数据库模型的设计质量。

由于网络信息要保存到数据库模型中，因此设计一个完善的数据库模型可以将数据规范地保存，以便完成数据处理的工作。另外，设计出抗干扰能力强的维护数据的网页程序也是十分关键的，要保证网页程序处理时数据库的数据规范存储或不重复存储。

1.1.2 网络信息管理系统的开发过程

当一个单位需要建立网络信息管理系统软件时，开发人员应当采用系统化的、软件工程的思想进行开发工作，开发过程中应当按照科学的、规范的方法进行有效组织，否则将造成网络信息管理系统软件开发和应用的失败。

网络信息管理系统是为企业及各部门进行管理提供信息服务的软件，一般来说，开发一个网络信息管理系统软件需要做系统分析、系统设计、系统实施和系统管理维护四个阶段的工作，如图 1—1 所示。

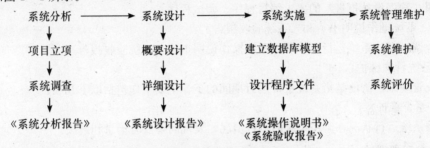

图 1—1 网络信息管理系统开发过程

1. 系统分析

系统分析阶段是针对部门现行的管理方法进行分析，找出业务处理和信息处理工作的薄弱环节，为即将建立的网络信息管理系统提供设计依据。主要工作包括以下几项：

（1）项目立项。

首先进行初步调查，对项目进行可行性论证。明确项目的开发边界、组建的开发团队、制定开发规划和开发周期、明确开发目标和开发任务。

（2）系统调查。

系统调查主要是技术人员到现场深入了解各职能部门的业务流程，调查现行工作中信息管理的方法和模式，从中发现现行信息管理存在的不足，提出改进意见和建议。

（3）《系统分析报告》。

《系统分析报告》是技术人员经过反复调查、充分了解了现行管理中信息的处理方法后编写的。在《系统分析报告》中技术人员需要详细描述项目状况，提出新建系统的目标、职能、数据模型、预计达到的设计目标以及新建系统的评价标准和开发进度等内容。

2. 系统设计

系统设计阶段是指设计人员根据《系统分析报告》提出的方案，考虑到部门的经济、技术和运行环境的现状，确定系统的总体结构和技术方案，合理选择计算机的软件和硬件，设计新建系统的物理模型。主要工作包括以下几项：

（1）概要设计。

设计系统的总体结构、选择系统的工作模式以及选择开发工具。

（2）详细设计。

设计代码、程序模块、程序的算法、数据库模型、输入/输出界面、网络连接以及网站的安全性。

（3）《系统设计报告》。

《系统设计报告》是从系统总体角度出发对新建系统建设的各个主要技术方面进行描述的技术文件。编写《系统设计报告》时，技术人员在《系统设计报告》中需要详细描述系统的总体结构、数据库模型设计、模块设计、代码设计、输入/输出设计、网络设计、安全性设计等内容。

3. 系统实施

系统实施阶段是设计人员根据《系统设计报告》提出的方案、设计程序文件，建立数据库模型、综合调试信息管理系统。主要工作包括以下几项：

（1）建立数据库模型。

建立数据库模型文件，输入数据库的数据。

（2）设计程序文件。

按照《程序设计报告》的要求编写程序、调试程序。

（3）《系统操作说明书》和《系统验收报告》。

综合调试新建系统运行，编写《系统操作说明书》、《系统验收报告》。

4. 系统管理维护

系统管理维护阶段是指系统正常运行期间的工作主要工作包括以下几项：

（1）系统维护。

记录系统运行状况，监控系统的运行情况，发现问题及时记录和解决。

（2）系统评价。

评价系统是否达到了设计的效果，对出现的问题及时修改。

1.1.3　网络信息管理系统的工作原理

网络信息管理系统的工作原理是利用数据库管理系统软件，建立数据库模型存储数据，利用网页程序显示和浏览数据库的信息。其中，数据库模型和网页程序存储在网站的服务器计算机中，浏览者通过登录网站加工、管理和获取数据库模型中的信息。建立网络信息管理系统需要做以下工作。

1. 建立数据库模型

网络信息管理系统的信息需要通过建立数据库模型，把信息分类保存到数据库和数据表中。因此建立网络信息管理系统软件必须选择好一个安全、可靠的网络数据库管理系统软件，通过建立数据库模型来保存信息，以便保证数据的安全和可靠。

目前，大多数人选择 MySQL 数据库管理系统软件作为开发网络信息管理系统的工具来存储和管理信息。

2. 设计网页程序

互联网利用网页程序显示和发布信息。利用 Dreamweaver CS 软件可以建立网页程序。网页程序包括以下两种类型。

（1）静态网页程序。

静态网页程序是指浏览者能够浏览网页页面的内容，并且可以从当前页面切换到其他页面，允许浏览者在网页页面输入数据，例如注册会员、申请电子邮箱等网页程序。这类程序是用 HTML（超文本标记语言）的标签语句设计的。

（2）动态网页程序。

动态网页程序是指网页程序可以对浏览者输入的内容进行数据检测，如果内容不符合规范，要提示浏览者重新输入；如果内容符合规范，那么利用动态网页程序可以把输入的信息保存到网站的服务器中。另外，利用动态网页程序可以将网站中存储的信息显示到客户端的网页页面上，这样在网站与浏览者之间建立了交互处理信息的机制。这类网页程序是使用HTML 语言的标记语句和 PHP 技术的脚本语句设计的。

网络信息管理系统软件需要设计动态网页程序，要求网站安装有数据库管理系统软件（如 MySQL）和动态网页程序设计语言软件（如 ASP、JSP、PHP），这样才能设计出动态网页程序，供浏览者处理信息。

3. 建立网站发布信息

网站是网络信息管理系统中发布和存储信息的，网络的所有信息存储在网站的服务器中。当我们建立好网络信息管理系统软件后，需要把有关文件存储到网站的指定文件夹，这样浏览者就可以在浏览器软件的控制下方便地进行数据处理工作了，这个技术叫做网络信息发布技术。网络信息发布有以下两种方式。

（1）自己建站。

自己建站是信息发布者将自己的计算机作为服务器，申请域名后只要计算机开机，浏览者就可以访问。自己建站发布网络信息的特点是服务器就是自己管辖的计算机，信息的安全性能好，可以自主管理网站的所有文件，防止信息被窃取，但是浏览者过多时浏览信息的速度慢。

（2）托管网站。

托管网站是指电信服务商有偿提供域名和硬盘空间供信息发布者使用。信息发布者将网页程序和数据库模型上传保存到服务商的计算机中，浏览者登录到服务商提供的托管网站浏览信息。

目前很多大型知名网站承接托管服务。托管网站允许信息发布者将与信息管理有关的网页和数据库文件上传到托管网站的指定文件夹，这样浏览者登录托管网站可以浏览到信息。这种方式的特点是网络速度有保证，但是由于网页和数据库保存在托管服务商的计算机中，所以相对来说信息容易被窃取，不安全。

1.2　开发网络信息管理系统

1.2.1　网站概述

1. 网站

网站是具有通信职能的计算机的集合。人们通过网站可以发布信息和资讯，也可以利用网站来提供网络增值服务（如托管服务）。网站的每台计算机都有 IP 地址，浏览者通过 IP 地址找到计算机的服务器，利用网页浏览器浏览网站的信息。网站的管理员负责管理服务器的连接和服务器数据的安全。

2. 网站的 IP 地址

（1）IP 地址。

互联网网络依靠 TCP/IP 协议，在全球范围内实现不同硬件结构、不同操作系统、不同网络系统的互联。在互联网上，每一台计算机都依靠唯一的标识地址互相区分和互相联系，这就是计算机的 IP 地址。通过 IP 地址计算机与计算机之间可以互联互通。

（2）IP 地址的版本。

IP 地址的分配策略有两个版本——IPV4 和 IPV6。其中，IPV4 版本策略是指一个 IP 地址由 32 位二进制代码构成，分为 4 段，每段由 8 位二进制代码组成，每段之间用点号隔开，例如，219.143.180.22。按照这个规则理论上 IP 地址有 2^{32} 种可能的地址组合，这说明 IP 地址是有限的，也就是说网络上计算机的数量是有限的。IPV6 版本策略是指 IP 地址由 128 位二进制数构成，分为 16 段，每段由 8 位二进制数组成。按照这个规则，理论上说 IP 地址有 2^{128} 种可能的地址组合，这种规则可以保证 IP 地址数量足够多。

（3）域名地址。

域名地址是用字母或中文表示的，例如，www.sina.com。相对于数字表示的 IP 地址来说，域名地址更便于浏览者识别和记忆。

（4）IP 地址的分配。

IP 地址的分配分为静态 IP 地址和动态 IP 地址两种。静态 IP 地址是指 IP 地址固定不变，例如一些知名度大的网站，有一个固定的 IP 地址以方便浏览者访问。动态 IP 地址是指浏览者登录到网络后，计算机的 IP 地址是临时、随机分配的，浏览者退出网络后，IP 地址可以分配给其他浏览者使用，这样可以节约 IP 地址资源，以满足更多浏览者访问互联网的需要。

（5）得到计算机 IP 地址的方法。

在 Windows 系统的桌面选择"开始→程序→附件→命令提示符"输入"ipconfig"命令，可以显示本机的 IP 地址信息，如图 1—2 所示。

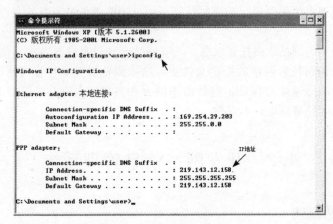

图 1—2　显示 IP 地址信息

3. 网站的管理

网站的管理主要是网络管理员对网站的硬件、软件和信息的管理。

（1）硬件管理主要是指计算机各种设备的管理。通过管理和维护计算机各种设备，保证系统安全、稳定地运行。

（2）软件管理主要是指管理计算机网站内部的软件。需要及时更新和升级、安装必要的软件提供给浏览者下载。

（3）信息管理主要是指管理计算机网站的数据信息。通过备份等管理工作做到网站数据准确不丢失。

1.2.2　网站的硬件资源

网站涉及硬件资源和软件资源两个部分。硬件资源主要包括计算机和通信设备。网站的计算机结构如图 1—3 所示。

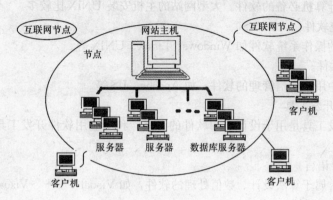

图 1—3　网站的计算机结构

1. 计算机

（1）网站主机。

网站主机负责连接其他网站的主机，实现通信联网，管理本站计算机服务器的职能。如果是大型网站，网站的主机可以是小型计算机；如果是小型网站，网站的主机可以是高档微机服务器；如果是个人网站，网站的主机可以是高档微机。网站主机必须安装通信软件。

（2）服务器。

网站服务器在局域网起到主机的作用，负责管理客户机，保证局域客户机正常运行。在互联网由网站主机负责管理起到存储信息的作用，提供信息资源供浏览者浏览。

（3）客户机。

客户机是互联网络中的终端，包括个人用户、部门及企业的局域网用户。客户机登录互联网连接到网站以后可以浏览到网站存储的信息资源。

客户机需要安装的软件有登录互联网的软件（TCP/IP），浏览网络信息的浏览器软件（IE等），为了能在客户端浏览多媒体信息需要安装多媒体播放软件，为了能够传输文件需要安装上传和下载文件的文件传输协议软件（FTP软件）。

2. 通信设备

通信设备用于连接网络和计算机，包括网线、网卡、集线器、交换机、路由器等。

（1）集线器（Hub）。

不需要软件系统的支持，是纯硬件设备。集线器主要用来连接计算机等网络终端设备。

（2）交换机（Switch）。

高端交换机都有一个软件系统来支持。和集线器一样，交换机主要用于连接计算机等网络终端设备。交换机在应用技术上比集线器更加先进，允许连接在交换机上的设备并行通信，设备间通信不会再发生冲突，因此交换机打破了冲突域，不会与其他接口发生通信冲突。

（3）路由器（Router）。

路由器都由自己的操作系统软件来管理，并且需要人员调试，否则不能工作。路由器接口数有限，主要用来进行网络与网络的连接。

1.2.3 网站的软件的资源

网站的软件资源主要包括系统软件、应用软件开发工具和应用软件。

1. 系统软件

系统软件是计算机必备的软件。大型网站的主机安装 UNIX 比较多。

（1）操作系统软件。

计算机常用的操作系统软件如 Windows、Linux、UNIX 等。

（2）服务器软件。

网站服务器中用于通信管理的软件，如 Apache、IIS 等。

2. 应用软件开发工具

应用软件开发工具是用于设计应用软件的工具，利用应用软件开发工具可以设计应用软件系统。

（1）程序设计语言。

程序设计语言属于算法设计、数值处理的软件，如 Visual C++、Visual Basic 等。

（2）数据库管理系统。

数据库管理系统属于文字信息处理的软件，如 MySQL、SQL、Oracle 等。

（3）网页程序设计语言。

网页程序设计语言属于设计网页页面的软件，如 Dreamweaver CS 等。

（4）工具软件。

工具软件包括浏览器软件、防火墙软件、加密软件、文件下载/传输软件等。

3. 应用软件

应用软件是利用应用软件开发工具设计的，用于解决现实应用问题的软件。网络化信息管理系统软件，如网络银行系统、网络商城系统、电子商务系统等属于应用软件范畴。

在日常工作中，利用计算机建立信息管理系统，需要配置好计算机的软件资源，并由专人负责维护和管理。

思考题

1. 说明计算机信息系统的职能。
2. 说明什么是网络信息管理系统。
3. 说明网络信息管理系统的应用特点。
4. 说明网络信息管理系统的风险。
5. 开发网络信息管理系统软件需要分哪四个阶段？
6. 开发网络信息管理系统软件各阶段要做哪些工作？
7. 网络信息管理系统的工作原理是什么？
8. 建立网络信息管理系统要做哪些工作？
9. 什么是 IP 地址？什么是域名地址？如何得到上网的 IP 地址？
10. 网站的管理主要包括哪些工作？
11. 说明网站主机、服务器、客户机的作用。
12. 客户机需要安装什么软件？
13. 操作系统软件、应用软件开发工具、应用软件的功能各是什么？

第 2 章　构建网络信息管理系统的开发环境

开发网络信息管理系统软件，需要安装 AppServ 软件、Dreamweaver CS 软件、建立网站站点，因此需要构建网络信息管理系统的开发环境。利用这个开发环境，可以建立数据库模型管理数据库和数据表的信息，建立各种网页程序文件加工信息，利用网站发布信息。

本章通过介绍下载、安装、检测 AppServ 软件和 Dreamweaver CS 软件的方法，说明构建开发网络信息管理系统开发环境的过程。

【要点提示】

1. 了解 AppServ 软件的功能，掌握下载和安装 AppServ 软件的方法。
2. 了解 Dreamweaver CS 软件的功能，掌握下载和安装 Dreamweaver CS 软件的方法。
3. 掌握建立网站站点、发布网络信息的方法。

2.1　安装 AppServ 软件

AppServ 软件是一款开发网络信息管理系统软件的工具软件。利用 AppServ 软件构建的开发环境，可以设计网络数据库应用系统软件。本节主要介绍下载、安装和测试 AppServ 软件的过程。

2.1.1　AppServ 软件的简介

1. AppServ 软件

目前，很多企业及其各个部门普遍采用建立网络信息管理系统的技术进行信息管理工作，这是因为利用互联网技术平台，可以有效组织和加工信息为管理工作服务。新建网络信息管理系统涉及网站管理技术、数据库技术、网页设计技术。网站技术是提供信息通信和站点连接的技术；数据库技术是存储数据的技术；网页设计技术是处理数据发布信息的技术。应用这些技术可以有效管理信息。

2. AppServ 软件的构成

AppServ 软件是一个软件集成包，有很多兼容的版本，本书介绍的是 AppServ 2.6.0 软件包。AppServ 软件包括 Apache、MySQL、PHP 和 phpMyAdmin 软件。

（1）Apache 是网站服务器管理软件，用于网站通信连接。计算机安装了 Apache 软件后，计算机会自动建立"\AppServ\…"文件夹，在这个文件夹中保存与网站管理有关的系统文件。由于计算机中安装了 Apache 软件，此时计算机具有网络通信的职能，所以计算机就是一个网站服务器，它的默认 IP 地址是"127.0.0.1"。这个地址是网络程序员调试网页程序的测试地址，利用这个地址可以模拟测试网站的网页程序。如果网站申请到固定的域名（或将本机的 IP 地址公告），那么浏览者就可以访问这个网站固定的域名浏览到网站的信息。

（2）MySQL 是数据库管理系统软件，用于建立数据库模型，提供数据库和数据表存储数据。安装有 MySQL 软件的计算机称作是数据库服务器，计算机安装 MySQL 软件后，计算机会自动建立"\AppServ\MySQL\data\…"文件夹，用来存储数据库和数据表文件。MySQL 软件提供了保证数据安全的机制，允许两类用户建立数据库模型，这两类用户是管理员用户和普通用户。其中，负责管理 MySQL 软件的人称作数据库管理员，名称是"root"。数据库管理员负责建立其他普通用户，各个用户管理各自的数据库。安装 MySQL 软件时，需要设置数据库管理员的登录密码。管理员可以为普通用户建立用户名、设置操作权限，保证信息的安全。

（3）PHP 是设计动态网页程序的软件，可以设计对数据加工的网页程序文件，实现网站与浏览者的交互数据加工。可以利用 Dreamweaver CS 软件建立网页程序文件，将网页程序文件保存在"\AppServ\www\…"文件夹供浏览者浏览。

（4）phpMyAdmin 提供了网页方式管理数据库文件的操作模式，对数据库和数据表的操作更加方便。

2.1.2 下载 AppServ 软件

AppServ 软件可以免费下载和安装，可以从"http：//www. appservnetwork. com"官方网站下载 AppServ 软件的压缩包文件。下载 AppServ 软件具体的操作步骤是：

（1）在如图 2—1 所示的浏览器地址栏，输入"http：//www. appservnetwork. com"后，可以出现官方网站。

（2）在如图 2—1 所示的窗口，选择需要下载 AppServ 软件的版本，单击下载地址，出现如图 2—2 所示的窗口。

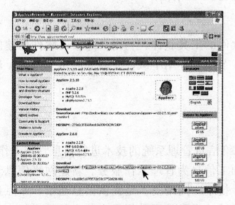

图 2—1 下载 AppServ 软件的网站

图 2—2 下载 AppServ 软件

（3）在如图 2—2 所示的窗口，单击"Download AppServ"，计算机下载 AppServ 软件，下载完毕后 AppServ 软件的安装包文件"appserv-win32-2.6.0"将保存到本地计算机中。

2.1.3 安装 AppServ 软件

安装 AppServ 软件时，首先找到 AppServ 软件的安装包"appserv-win32-2.6.0"文件，执行安装程序，具体的操作步骤如下：

（1）找到 AppServ 软件的安装程序"appserv-win32-2.6.0"文件，双击鼠标出现如图 2—3 所示的对话框。

（2）在如图 2—3 所示的对话框中，单击"Next"按钮，出现如图 2—4 所示的对话框。

10

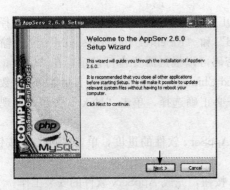

图 2—3　AppServ 软件安装步骤（1）

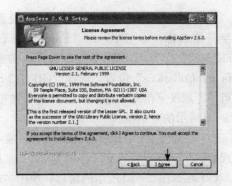

图 2—4　AppServ 软件安装步骤（2）

（3）在如图 2—4 所示的对话框中，单击"I Agree"按钮，出现如图 2—5 所示的对话框。

（4）在如图 2—5 所示的对话框中，输入安装 AppServ 软件的文件夹，单击"Next"按钮，出现如图 2—6 所示的对话框。本书中，选择把 AppServ 软件安装在 E:\AppServ 文件夹。

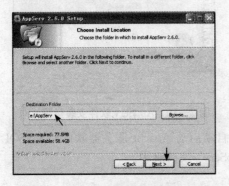

图 2—5　AppServ 软件安装步骤（3）

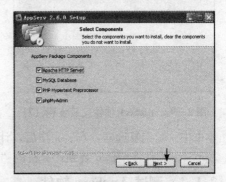

图 2—6　AppServ 软件安装步骤（4）

（5）在如图 2—6 所示的对话框中，勾选复选框，表示安装被勾选的软件，单击"Next"按钮，出现如图 2—7 所示的对话框。

（6）在如图 2—7 所示的对话框中，输入网站服务器的域名地址和网站管理员的电子邮箱的名称，同时确定文件传输通信的端口地址，本书中输入"www.myweb.com"作为网站服务器的域名地址；输入"myweb@myweb.com"作为网站管理员的电子邮箱的名称；通信的端口地址"80"。实际建站时，应当根据实际情况输入有关信息。单击"Next"按钮，出现如图 2—8 所示的对话框。

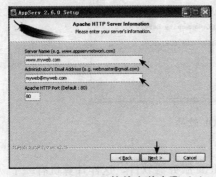

图 2—7　AppServ 软件安装步骤（5）

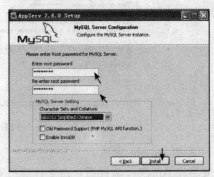

图 2—8　AppServ 软件安装步骤（6）

（7）在如图 2—8 所示的对话框中，设置 MySQL 数据库管理员（root）的密码并且选择汉字字符集名称，本书中，在"Enter root password"和"Re-enter root password"位置输入"88888888"作为 MySQL 数据库管理员的密码，密码可以根据需要自行设定。在"Character Sets and Collations"位置，选择"GB2312 Simplified Chinese"汉字字符集，表示 MySQL 数据库可以存取汉字信息，这个操作步骤非常重要，务必正确选择。单击"Next"按钮，出现如图 2—9 所示的对话框。

（8）在如图 2—9 所示的对话框中，显示安装 AppServ 软件的进度，单击"Next"按钮，出现如图 2—10 所示的窗口。

（9）在如图 2—10 所示的窗口，单击"Finish"按钮，完成 AppServ 软件的安装工作。

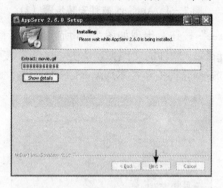

图 2—9　AppServ 软件安装步骤（7）

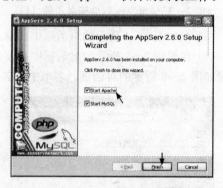

图 2—10　AppServ 软件安装步骤（8）

本书中，勾选复选框，安装完毕后，计算机会自动启动 Apache 服务器软件和 MySQL 软件。AppServ 软件将全部安装到计算机的"E:\AppServ"文件夹中。

2.1.4　测试 AppServ 软件

AppServ 软件安装完毕后，需要测试软件是否安装成功。

1. 检测 MySQL 软件

在 Windows 系统的桌面，选择"开始→程序→AppServ→MySQL Command Line Client"选项，出现如图 2—11 所示的窗口，输入数据库管理员的密码，出现"mysql>"提示符表示 MySQL 软件安装成功。

本书中，输入图 2—8 中设置的数据库管理员密码"88888888"。

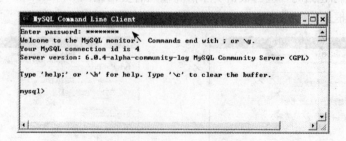

图 2—11　测试 MySQL 软件

2. 检测 Apache 软件

安装完 AppServ 软件后，由于计算机安装了 Apache 服务器软件，这样计算机有一个默认的 IP 地址是"127.0.0.1"。检测 Apache 服务器软件是否安装成功的方法是，在浏览器的地址栏输入"http://127.0.0.1/"，出现如图 2—12 所示的窗口，显示 AppServ 软件自带的主页页面（index.php），表示 Apache 服务器软件安装成功。

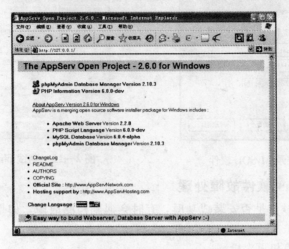

图 2—12　测试 Apache 软件

3. 检测 PHP 软件

在浏览器的地址栏输入"http://127.0.0.1/phpinfo"，出现如图 2—13 所示的窗口，显示出 PHP 参数，表示 PHP 软件安装成功。

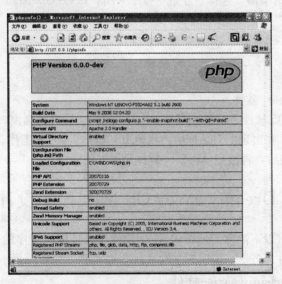

图 2—13　测试 PHP 软件

4. 检测 phpMyAdmin 软件

phpMyAdmin 软件是利用网页页面管理数据库数据的技术。在浏览器的地址栏输入"http://127.0.0.1/phpmyadmin"，出现如图 2—14 所示的窗口，输入用户名"root"和密码后，出现如图 2—15 所示的窗口，表示 phpMyAdmin 软件安装成功。

13

图 2—14　登录 MySQL 软件

图 2—15　测试 phpMyAdmin 软件

2.1.5　AppServ 软件故障处理

在检测 AppServ 软件是否安装成功时，有时会遇到检测故障，如果图 2—12 没有出现，可以做以下的处理：

（1）重新启动计算机再次检测。

有时重新启动计算机后，再次按照检测步骤检测 AppServ 软件是否成功安装，如果能够出现图 2—12 的界面，说明 AppServ 成功安装。

（2）卸载 AppServ 软件，重新安装 AppServ 软件。

在 Windows 系统的桌面，选择"开始→程序→AppServ→Uninstall AppServ 2.6.0"选项，卸载 AppServ 软件。

1）卸载有关通信类的软件（如在线播放软件）。

2）关闭杀毒软件。

3）拔下所有网线。

4）重新安装 AppServ 软件。

（3）如果安装了 IIS 软件需要停止其工作在 Windows 系统的桌面，选择"控制面板→管理工具→服务"选项，在出现的对话框中，找到 IIS 选项，停止其工作。

AppServ 软件安装后，再检测 AppServ 软件是否安装成功。

2.2　Dreamweaver CS 网页程序设计软件

Dreamweaver CS（以下简称 Dreamweaver）软件是设计网页程序的软件。本节介绍下载、安装 Dreamweaver 软件的方法，说明建立网站站点的过程。

2.2.1　安装 Dreamweaver 软件

登录互联网，利用浏览器可以搜索到提供下载 Dreamweaver 软件的网站，可以从有关网站下载 Dreamweaver 软件的安装程序。将 Dreamweaver 软件的安装程序下载到本地计算机的硬盘，然后执行安装程序就可以了。操作方法如下所述：

（1）在浏览器的地址栏输入"Dreamweaver CS 软件"后，可以搜索到能够下载 Dreamweaver 软件的网站。

（2）进入到可以下载 Dreamweaver 软件的网站，把 Dreamweaver 软件安装程序的压缩包文件下载到本地计算机的硬盘文件夹中。

（3）将下载的 Dreamweaver 软件安装程序的压缩包文件解压缩后，按照一般软件的安装方法把 Dreamweaver 软件安装到本地计算机中。

2.2.2 建立网站站点

网站站点是用于互联网络存储和发布信息的计算机服务器，所有网页程序文件和数据库的数据全部保存到指定的文件夹。本书介绍的内容中，由于在计算机的"E 盘"安装了 AppServ 软件，所以需要发布的文件全部保存在"E:\AppServ\"文件夹中，其中"E:\AppServ\www\"是保存网页程序文件的文件夹，"E:\AppServ\MySQL\"是保存数据库文件的文件夹。

计算机安装了 Dreamweaver 软件后，可以建立网页程序文件。为了保证 AppServ 软件和 Dreamweaver 软件统一管理文件，可以在 Dreamweaver 软件建立网站站点，将文件夹设置成为"E:\AppServ\www\"，这样计算机自动把网页程序文件保存到"E:\AppServ\www\"文件夹。

（1）建立站点。

在如图 2—16 所示的 Dreamweaver 软件主窗口，选择菜单栏的"站点→新建站点（N）..."选项，出现如图 2—17 所示的对话框。

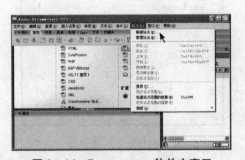

图 2—16　Dreamweaver 软件主窗口

图 2—17　新建站点—定义站点（1）

（2）输入站点名称。

在如图 2—17 所示的对话框中，输入站点名字和网站域名地址。

本例输入"网络数据库应用系统"为站点名称，域名地址输入"http://www.myweb.com"，单击"下一步"按钮，出现如图 2—18 所示的对话框。

（3）设置站点服务器技术。

在如图 2—18 所示的对话框中，设置网站服务器采用的技术。本例选择"是，我想使用服务器技术。"选项，并在下拉菜单选择"PHP MySQL"选项，确定所建立网站采用的服务器技术。单击"下一步"按钮，出现如图 2—19 所示的对话框。

（4）设置网页程序文件存储的位置。

在如图 2—19 所示的对话框中设置网页文件存储的位置。本例，选择"在本地进行编辑，然后上传到远程测试服务"选项，在其对应的"您将把文件存储在计算机上的什么位置？"，输入"E:\AppServ\www\"文件夹的名称，单击"下一步"按钮，出现如图 2—20 所示的对话框。

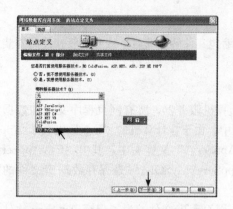

图 2—18 新建站点—定义站点（2）

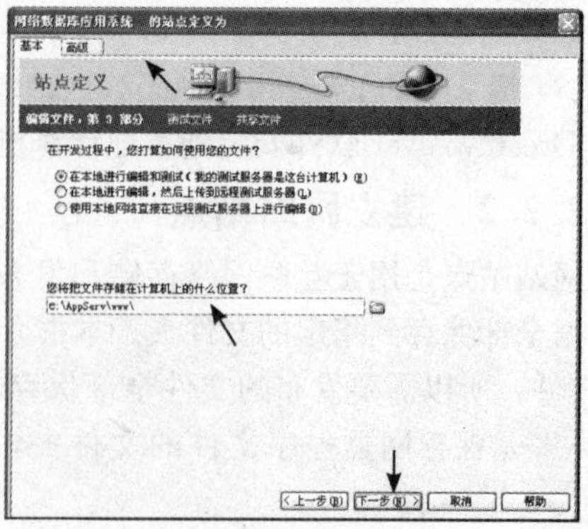

图 2—19 新建站点—定义站点（3）

（5）设置测试。

在如图 2—20 所示的对话框中设置网页测试，在"您应该使用什么 URL 来浏览站点的根目录？"输入"http://127.0.0.1"。单击"下一步"按钮，出现如图 2—21 所示的对话框。

图 2—20 新建站点—定义站点（4）

图 2—21 新建站点—定义站点（5）

在如图 2—21 所示的对话框中，选择"是的，我要使用远程服务器"，单击"下一步"按钮，出现如图 2—22 所示的对话框。

在如图 2—22 所示的对话框中，输入"E:\AppServ\www"，单击"下一步"按钮，出现如图 2—23 所示的对话框。

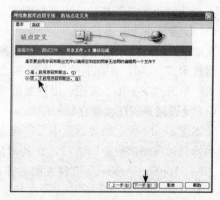

图 2—22 新建站点—定义站点（6）

图 2—23 新建站点—定义站点（7）

（6）建站完成。

在如图 2—23 所示的对话框中，选择"否，不启用存回和取出。"，单击"下一步"按钮，出现如图 2—24 所示的对话框，完成建立网站的过程。

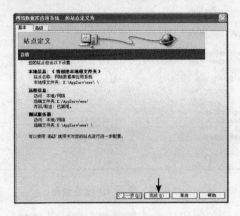

图 2—24　新建站点—定义站点（8）

2.3　构建发布信息的网站

2.3.1　个人建站发布信息

个人在网上发布信息需要将计算机配置成网站并申请域名。

1. 个人网站服务器

个人用户在网上发布信息需要将个人电脑安装服务器软件，如 Apache 软件。这样计算机具备通信的职能，只要将网页程序文件保存到"\AppServ\www"文件夹表明建立了一个网站。当个人用户连接网线并且开机以后，表示网站开通。当浏览者得到网站的 IP 地址并成功登录后，就可以浏览网站的网页页面了。

2. 个人网站服务器的 IP 地址

由于个人用户上网时间的随机性，每个用户上网时会自动获得一个动态的 IP 地址，该地址是电信部门网站的网络号和主机号的合法区间中的某个地址，这个地址称作动态 IP 地址。当用户离开网络时这个地址就被释放供其他用户使用。

在 Windows 系统的桌面，选择"开始→运行"或"开始→程序→附件→命令提示符"输入"ipconfig"命令，可以显示个人网站本机的 IP 地址信息，如图 2—25 所示 IP 地址是 219.143.12.158。

浏览者在浏览器的地址栏输入"http://219.143.12.158"就可以浏览网站的主页内容。由于个人网站关机后 IP 地址会改变，这样不便于浏览者浏览。那么如何建立固定域名的个人网站呢？

3. 个人网站服务器的域名地址

目前很多网站提供固定域名地址服务，称作地址服务网站。个人客户通过登录地址服务网站可以下载 IP 地址解析软件并在地址服务网站申请到一个固定的域名地址。这样在个人的客户端计算机中安装了 IP 地址解析软件后，只要个人客户开机，那么 IP 地址解析软件会自动

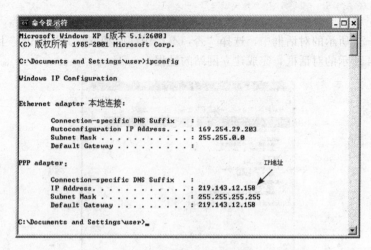

图 2—25　显示 IP 地址信息

将个人客户的动态地址与申请的固定域名连接映射,这样其他浏览者浏览这个固定的域名地址就可以访问个人网站了。

这种方式是一种很实用的建立个人网站发布网络信息的方法。个人客户需要建立自己网站的网页程序,保存好发布的信息,以便浏览者浏览。这种建站的好处是个人客户自己管理自己的网页的数据,信息安全可靠,但缺点是网络速度可能受到影响。

2.3.2　租用网站服务器发布信息

如果个人客户想在互联网上发布信息,可以到提供租用网站服务器的网站申请域名,这种方式是收费的,称作是托管域名空间服务。只要个人客户缴纳服务费,网站就提供固定域名,同时个人客户将网上发布的信息和网页程序保存到域名空间服务网站,其他浏览者通过访问固定域名可以浏览信息。

这种建站方式的好处是通过委托管理并租用空间管理网页程序和数据,网络速度能得到保证,但由于托管网站可以随意处置用户的信息,所以信息安全性并不可靠。

2.3.3　Apache 服务器的使用

1. 停止或启动 Apache 服务器

Apache 软件是保证网站工作的必备软件,成功安装好 Apache 软件后,每次打开计算机 Apache 软件会自动工作。如果希望网站关闭但是计算机继续工作,可以选择"开始→程序→AppServ→control Server by Manual→Apache Stop"选项。如果希望网站重新启动,可以选择"开始→程序→AppServ→control Server by Manual→Apache Start"选项。

2. Apache 服务器无法正常启动的故障处理

有时 Apache 服务器无法正常启动,卸载重新安装也不能解决问题。这时可以选择"开始→控制面板→管理工具→服务"选项,出现如图 2—26 所示的窗口。

在如图 2—26 所示窗口中,选择"停止此服务"可以停止服务器工作;选择"重启动此服务"可以重新启动服务器工作。但是在重新启动时,如果出现如图 2—27 所示对话框,表明 Apache 服务器出现故障。

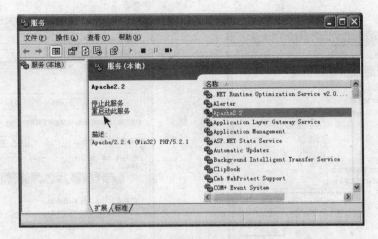

图 2—26　"服务"窗口

图 2—27　Apache 服务器无法正常启动

　　如果 Apache 服务器出现故障可以采取以下措施：选择"开始→网络连接→本地连接"选项，出现如图 2—28 所示的"本地连接状态"对话框。在如图 2—28 所示的对话框中，单击"属性"按钮，出现如图 2—29 所示的"本地连接属性"对话框。

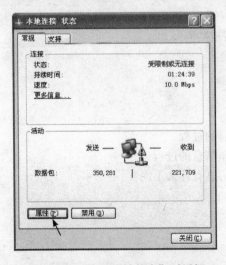

图 2—28　"本地连接状态"对话框

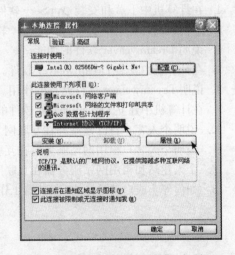

图 2—29　"本地连接属性"对话框

　　在如图 2—29 所示的对话框中，选择"Internet 协议（TCP/IP）"选项，单击"属性"按钮，出现如图 2—30 所示的"Internet 协议（TCP/IP）属性"对话框，单击"高级"按钮，出现如图 2—31 所示的"高级 TCP/IP 设置"对话框，单击"WINS"标签，去掉"启用 LM-HOSTS 查询"前的勾选。单击"确定"按钮，然后重新启动计算机。

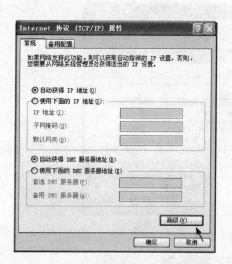

图 2—30 "Internet 协议（TCP/IP）属性"对话框

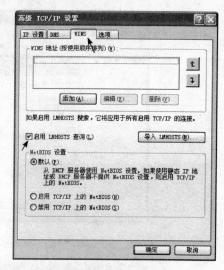

图 2—31 "高级 TCP/IP 设置"对话框

思考题

1. 说明 AppServ、Apache、MySQL、PHP 和 phpMyAdmin 软件的作用。

2. 说明"127.0.0.1"的作用。

3. 说明"\AppServ\…"、"\AppServ\www\…"、"\AppServ\MySQL\data\…"文件夹的作用。

4. 在计算机中下载和安装 AppServ 软件。

5. 如何检测计算机中安装的 AppServ 软件是否成功？

6. 说明 Dreamweaver 软件的功能。

7. 在计算机中安装 Dreamweaver 软件。

8. 说明 Dreamweaver 软件站点的作用。

9. 在计算机中建立 Dreamweaver 软件的站点。

10. 说明个人客户自己建站并在互联网发布信息的过程。

11. 说明个人客户租用网站服务器在互联网发布信息的过程。

12. 个人建站和租用网站服务器在互联网发布信息有什么不同？

13. 如何停止或启动 Apache 服务器工作？

第 3 章 MySQL 数据库管理系统

MySQL 数据库管理系统是存储和管理数据的软件系统。由于网络信息管理系统得到了广泛应用，如何有效存储网络信息资源显得十分重要。目前，建立网络信息管理系统普遍采用 MySQL 数据库管理系统软件，通过建立数据库模型，利用数据库和数据表存储和管理信息。

本章介绍利用 MySQL 数据库管理系统存储和加工数据的操作语句，内容包括：结合案例分析数据，介绍建立数据库模型的方法；介绍管理用户，设置权限的方法；介绍管理数据库和数据表的方法、介绍加工数据检索信息的方法。

【要点提示】

1. 了解分析数据、建立数据模型的方法。
2. 了解 MySQL 软件管理用户、设置用户权限的方法。
3. 掌握 MySQL 软件建立和维护数据库、数据表的方法。
4. 掌握 MySQL 软件维护数据表记录的方法。
5. 了解 phpMyAdmin 软件的使用方法。

3.1　网络信息管理的数据分析

数据分析是指通过对现实应用问题的调查，根据业务处理的需要分析数据的构成，构建数据库模型的过程。

利用 MySQL 软件管理和维护数据，应当结合实际业务处理的需要认真分析数据、有效筛选数据、合理组织数据，构建好稳定的数据库模型。

3.1.1　教学信息管理的数据分析

从业务角度看，教学管理主要是对学生、课程、成绩、教室、教师的管理。教学信息管理包括学生情况、课程目录、课程成绩、教师情况、教室情况等五类数据的管理。每类数据由若干数据项组成，这样各类数据构成了一个独立的数据表，计算机通过加工数据表的数据完成教学信息管理工作。

1. 数据分析

(1) 学生情况表。

学生情况表记录了学生基本情况的信息，包括学号、姓名、身份证号、电子邮箱等。每个学生的学号、身份证不得重复，其他数据根据实际情况确定，见表 3—1。学生情况表的一条记录就是一个学生的基本情况信息，可能出现重名但不重学号的记录。

表 3—1　　　　　　　　　　　　　　　　学生情况表

学号	姓名	身份证号	电子邮箱	……
0901001	张凯	110101198808010018	aa@sina.com	……
0901002	刘立颖	110101198706010028	bb@sina.com	……
0901003	张凯	110101198701010011	cc@sina.com	……

对表 3—1 中的数据处理主要有增加、删除、修改学生情况数据表的数据，通过这些操作能够保证数据表的数据真实、有效。在日常管理中，根据已知条件可以查找、统计满足条件的记录，从而为日常管理工作提供信息服务。例如，可以统计在册人数，根据身份证号统计学生的年龄、性别等，也可以通过学号查询学生的姓名、身份证号、电子邮箱等信息。

（2）课程目录表。

课程目录表记录了课程目录的信息，包括课程号、课程名称、学分、教师编号、教室编号等，见表 3—2。每门课程的课程号不重复。教师编号可以重复，表示一名教师可以讲授多门课程，其他数据根据实际情况确定。课程目录表的一条记录就是一门课程的基本情况信息。

表 3—2　　　　　　　　　　　　　　　　课程目录表

课程号	课程名称	学分	教师编号	教室编号	……
K01	计算机应用技术	3	T01	D01	……
K02	网络数据库技术	4	T02	D02	……
K03	算法设计	5	T03	D03	……

对表 3—2 中的数据处理主要有增加、删除、修改课程目录表的数据，通过这些操作能够保证数据表的数据真实、有效。在日常管理中，根据条件可以查找、统计满足条件的记录，从而为日常管理工作提供信息服务。例如，可以统计开课门数、可以得到某门课课程号的相关信息。

（3）课程成绩表。

课程成绩表记录了学生选课的信息，包括学号、课程号、考试成绩等，见表 3—3。学号可以重复，表示一名学生可以选多门课程。课程号可以重复，表示一门课程可供多名学生选择。

表 3—3　　　　　　　　　　　　　　　　课程成绩表

学号	课程号	考试成绩	……
0901001	K01	80	……
0901002	K01	85	……
0901003	K01	90	……
0901001	K02	80	……
0901002	K02	85	……
0901002	K03	90	……
0901003	K03	80	……

对表 3—3 的数据处理主要有增加、删除、修改课程成绩表的数据，通过这些操作能够保证数据表的数据真实、有效。在日常管理中，根据条件可以查找、统计满足条件的记录，从而为日常管理工作提供信息服务。例如，根据学号查找其选课门数，计算总分和平均分；根据课程号查找选课人数，计算平均分、选课人数等。

（4）教师情况表。

教师情况记表录了任课教师的信息，包括教师编号、教师姓名、职称、联系电话等，见表 3—4。教师编号不得重复，其他数据项根据实际情况确定。

表 3—4　教师情况表

教师编号	教师姓名	职称	联系电话	……
T01	王林	讲师	13800138001	……
T02	赵小东	副教授	13800138002	……
T03	丁鹏	副教授	13800138003	……

对表 3—4 的数据处理主要有增加、删除、修改教师情况表的数据，通过这些操作能够保证数据表的数据真实、有效。在日常管理中，可以根据条件查找、统计满足条件的记录，从而为日常管理工作提供信息服务。例如，根据教师编号查找教师信息，按照职称显示、统计教师信息等。

（5）教室情况表。

教室情况表记录了教室的信息，包括教室编号、人数等，见表 3—5。教室编号不得重复，其他数据项根据实际情况确定，学生情况表中允许有重名的学生。

表 3—5　教室情况表

教室编号	人数	……
D01	100	……
D02	80	……
D03	50	……

对表 3—5 中的数据处理主要有增加、删除、修改教室情况表的数据，通过这些操作能够保证数据表的数据真实、有效。在日常管理中，根据条件可以查找、统计满足条件的记录，从而为日常管理工作提供信息服务。

2. 数据表的关联

数据表的关联是指数据表之间按照某个数据项值相等的原则构建的联系。

表面上看数据表是独立的数据集合，但是实际上数据表之间是相互联系的，如图 3—1 所示。

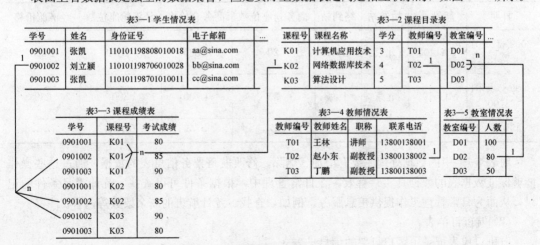

图 3—1　教学管理数据表关联图

（1）表 3—1 中的一条记录可能与表 3—3 中的多条记录，按照学号值相等的原则构成关联关系。表示一个学生可以选多门课程。在日常管理中，根据姓名可以查找该学生的学号、身份证号、电子邮箱、选课的课程号、考试成绩的信息。

（2）表 3—2 中的一条记录可能与表 3—3 中的多条记录，按照课程号值相等的原则构成关联关系。表示一门课程可以被多个人选。在日常管理中，根据课程名称可以查找该课程的学分、教室编号、选课的学生学号、考试成绩的信息。

（3）如果在管理中限定一个教师只能讲一门课程，那么表 3—4 中的一条记录可能与表 3—2 中的一条记录，按照教师编号值相等的原则构成关联关系。表示一个教师可以教 1 门课程。在日常管理中，根据课程名称可以查找该课程的学分、教室编号、任课教师的姓名、教师电话的信息。

（4）表 3—5 中的一条记录可能与表 3—2 中的多条记录，按照教室编号值相等的原则构成关联关系。表示一个教室可以上多门课程。在日常管理中，根据课程名称可以查找该课程的学分、教室编号、容纳人数的信息。

通过上述分析可以看出，教学信息管理包括学生情况表、课程目录表、课程成绩表、教师情况表、教室情况表的信息管理，各个数据表由若干项组成，数据表间存在关联关系。这样形成了教学信息管理系统的数据库模型。

3.1.2 票务信息管理的数据分析

利用网络可以建立票务信息管理系统供人们利用网络购票、查票、退票。票务信息管理的种类很多，如剧院票务、火车票、飞机票等都属于票务信息管理范畴。以飞机票订购为例，航班票务信息管理包括航班票务数据表、航班订单数据表。

航班票务信息管理系统提供客户在网上查询航班信息，根据需要提交订单，客户在有效时间内可以查询订单、撤销订单等操作。

1. 数据分析

（1）航班票务信息表。

航班票务信息表以 24 小时为单位记录了航班的信息，供订票人选购见表 3—6。

表 3—6   航班票务信息表

日期	航班号	始发站	终到站	商务仓座位数	商务仓价格	经济舱座位数	经济舱价格
2009-12-01 07:45	CA1403	北京	昆明	20	1 830	200	1 090
2009-12-01 08:00	MU5102	北京	上海	33	1 700	300	630
……	……	……	……	……	……	……	……

对表 3—6 中的数据处理主要有增加、删除、修改航班票务信息表的数据，通过这些操作能够保证数据表的数据真实、有效。在日常管理中，根据条件可以查找、统计满足条件的记录，从而为日常管理工作提供信息服务。例如，查找、统计航班的剩余票数等内容。

（2）航班订单表。

航班订单表记录了客户订票的信息见表 3—7。

表 3—7　　　　　　　　　　　　　　　航班订单表

订单号	身份证号	日期	航班号	座位	价格	电话	备注
091120001	110101198601010011	2009－12－01 07:45	CA1403	经	1 090	13800138006	……
091120002	110101197601010021l	2009－12－01 07:45	CA1403	经	2 180	13800138007	……
091120003	110101198601010021	2009－12－01 08:00	MU5102	商	1 700	13800138008	……
……	……	……		……	……	……	

　　对表 3—7 中的数据处理主要有增加、删除、修改航班订单表的数据，通过这些操作能够保证数据表的数据真实、有效。在日常管理中，根据条件可以查找、统计满足条件的记录，从而为日常管理工作提供信息服务。

　　2. 数据表的关联

　　航班票务信息管理中，建立两个表就可以满足信息处理的要求，如图 3—2 所示。表 3—6 中某日的某个航班，可以在表 3—7 中被多个客人预定，这样表 3—6 和表 3—7 中的数据按照日期、航班号的值相等的原则构成了一对多的关系。

表3—6 航班票务信息表

日期	航班号	始发站	终到站	商务仓座位数	商务仓价格	经济仓座位数	经济仓价格	……
2009-12-01 07:45	CA1403	北京	昆明	20	1 830	200	1 090	……
2009-12-01 08:00	MU5102	北京	上海	33	1 700	300	630	……
……								

表3—7 航班订单表

订单号	身份证号	日期	航班号	座位	价格	电话	备注
091120001	110101198601010011	2009-12-01 07:45	CA1403	经	1 090	13800138006	……
091120002	110101197601010021l	2009-12-01 07:45	CA1403	经	2 180	13800138007	……
091120003	110101198601010021	2009-12-01 08:00	MU5102	商	1 700	13800138008	……
……	……	……					

图 3—2　航班信息关联图

　　通过上述分析可以看出，票务信息管理包括票务情况表、票务订单的信息管理，各个数据表由若干项组成，数据表间存在关联关系，这样形成了票务信息管理系统的数据库模型。

3.1.3　酒店客房信息管理的数据分析

　　利用网络进行酒店客房管理也是非常方便的。酒店客房管理包括客房预定、客房入住、客房退房、信息查询等工作。酒店的客房信息管理主要管理客房信息表、历史记录表的信息。

　　1. 数据分析

　　客房信息表记录客房的信息，包括房号、类别（商务房、标准间、单人间等）、状态（空、预、入）、价格、姓名、身份证号、入住日期、退房日期、价格、经办人等，见表 3—8。

表 3—8   客房信息表

房号	类别	状态	价格	姓名	身份证号	入住时间	退房日期	价格	经办人	备注
A101	标	空	300							
A102	商	预	800	张三	1101011986 03010031	2009/12/01	2009/12/05	4 000	A001	
A103	单	入	200	李四	1101081988 08010031	2009/12/01	2009/12/05	800	A001	
A104	标	入	300	丁一	1101081980 03010031	2009/12/03	2009/12/05	1 500	A001	
A105	标	空	300							

2. 数据表的关联

房号不得重复，状态是"空"的房间，表示可以接受预定；状态是"预"的房间，表示已经预定；状态是"入"的房间，表示已经入住。

房间预定是指客户网页页面显示状态为"空"的房间，当客户选择了房间后，其状态变为"预"。房间入住是指客户将状态为"空"或"预"的房间，提供给入住，这样其状态将变为"入"。房间退房是指将状态为"入"的状态变为"空"，同时为了以后查阅方便将入住信息另外保存到历史记录表中。

3.2　设计数据库的模型

3.2.1　数据库的模型

1. 数据的存储结构

数据的存储结构是指数据在计算机内的存储结构。MySQL 数据库将数据存储在数据库模型中，MySQL 软件存储数据按照用户→服务器→数据库→数据表→数据项共五级模式存储数据，如图 3—3 所示。

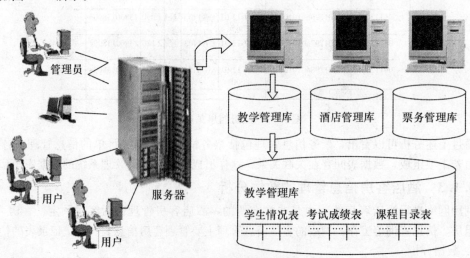

图 3—3　数据库模型结构图

2. 数据库的用户

数据库的用户是指创建数据库的人，包括管理员和普通用户。用户的所有信息保存到

mysql. user 数据表中。

（1）管理员。

计算机安装了 MySQL 软件后，计算机中有一个名称是 root 的管理员用户。管理员负责管理数据服务器，保证数据安全。管理员负责建立普通用户，设置普通用户的操作权限，也可以建立数据库管理信息。计算机中可以只有管理员而没有普通用户。

（2）普通用户。

普通用户可以在 MySQL 服务器中建立和维护数据，但普通用户必须输入管理员授权的用户名和密码，才能登录到数据库服务器。

3．数据库服务器

数据库服务器是安装了 MySQL 软件后，保存数据库、数据表的计算机。网站可以有多台计算机作为 MySQL 服务器存储数据库。每台 MySQL 服务器有一个名称，默认的数据库服务器的名称是"localhost"。

一台服务器允许多个用户建立数据库，一个用户可以建立多个数据库。如果 MySQL 软件安装到计算机的 E:\AppServ\MySQL 文件夹中，那么 E:\AppServ\MySQL\data 文件夹用于保存数据库。

4．MySQL 数据库

MySQL 数据库是存储在数据库服务器中的文件夹。数据库必须有名称，所以 MySQL 数据库的名称实质就是文件夹的名称。由于一个 MySQL 数据库服务器可以存储多个数据库，所以当我们要加工某个数据库时，必须要知道这个数据库存储在哪个数据库服务器中。

数据库保存的是数据表，所以数据库是相关数据表的集合。利用 MySQL 软件建立的数据库，记录了数据库中数据表的构成以及数据表的规范格式等内容。对数据库的操作主要有建立数据库、删除数据库、显示数据库、打开数据库。

5．数据表

数据表是由若干列、若干行组成的相关数据项的集合，如图 3—4 所示。数据表必须有文件名，数据表包括表结构和表记录两部分。

图 3—4　数据表结构图

（1）表结构。

数据表的一列称作一个字段，每个字段有一个名称，称作字段名。字段名称不得重复，字段的排列次序可以随意。表结构是指字段的集合。

（2）表记录。

数据表由若干行组成，一行称作一个记录。表记录是字段值的集合，所以数据表是数据记录的集合。

设计数据表时，需要设计数据表的文件名、每一列的字段名、字段的数据类型和字符个数。

数据表是存储数据的文件，相关数据表的集合，就是数据库。当要加工某个数据表时，必须知道这个数据表存储在哪个数据库中。

6. 数据项

字段的值称作数据项，以图3—4为例，第一个记录的学号字段的值是"0901001"、姓名字段的值是"张凯"，字段的取值依据记录的实际情况而定。有些记录的取值是必须填写项，称作"非NULL"项，例如学号、姓名等；有些记录的取值要求必须是不重复的项，称作"唯一"项，例如学号、课程号等。

总之，利用MySQL软件管理数据时，要明确所处理的数据是属于哪个用户、哪个服务器、哪个数据库、哪个数据表、哪个数据项。

3.2.2　数据的类型

MySQL软件能够存储的常用数据类型包括字符、数值和日期。

1. 字符类型

字符类型的数据主要由字母、汉字、数字符号、特殊符号构成，按照字符个数的多少分为以下几种类型。

（1）char。

char为定长字符串类型，这种类型数据的字符个数在0~255之间。

设计数据表时，如果将某个字段设置成为定长字符串类型，那么必须事先设定好字符的个数。如果设计的长度大于实际值的长度，将用空格填充。

例如，在表3—2的课程目录表中，如果设定"课程名称 char（20）"，表示"课程名称"是20个字符长度的字符串，可以做赋值引用，即：

如果把"英语"保存到课程名称中，那么计算机中实际存储的课程名称是"英语～～～～～～～～～～～～～～～～"（～表示空格），这里由于课程名称的值设定为20个字符，实际值由2个汉字字符和16个空格组成。按照这种方法，字符串的右侧会有若干个空格占位，这样浪费了磁盘的存储空间。

（2）varchar。

varchar为变长字符串类型，这种类型数据的字符个数在0~255之间。

设计数据表时，如果将某个字段设置成为变长字符串类型，那么必须事先设定好字符的个数。如果设计的长度大于实际值的长度，实际值右侧将用1个空格填充。

例如，在表3—2的课程目录表中，如果设定"课程名称 varchar（20）"，表示"课程名称"是20个字符长度的字符串，可以做赋值引用，即：

如果把"英语"保存到课程名称中，那么计算机实际存储的课程名称是"英语～"，这里课程名称的值设定为20个字符，实际值由2个汉字字符和1个空格组成。按照这种方法，字符串的右侧会有1个空格占位，这样节省了磁盘的存储空间。

（3）text。

text为变长文本类型的字符串类型，这种类型数据所存储内容的字符个数可以多于255个。

在实际应用中像备注、说明、个人履历、奖惩情况、职业说明、内容简介等设定为text类型的数据。

（4）blob。

blob为变长数据。这种类型数据用于存储声音、视频、图像等数据。

在实际应用中像图书数据处理中的图书封面、学生照片可以设定成为 blob 类型。

2. 数值类型

数值类型的数据可以做加法、减法、乘法、除法、幂运算等算术运算，包括两种。

(1) int。

int 类型表示整数，这种类型的数据只包括整数部分，数值范围为 $-2^{31} \sim (2^{32} - 1)$。

在实际应用中像表 3—2 中的学分、表 3—3 中的考试成绩可以设定成 int 类型。

(2) float。

float 类型表示浮点数，这种类型数据由 1 位整数部分和数位小数部分组成。

任何 1 个数值可以表示成为：$x = \pm a \times 10^{\pm n}$ 即 $x = \pm a \mathrm{E} \pm n$ 的形式。例如：

$12345.6789 = 1.23456789\mathrm{E} + 4$

$0.0000123456789 = 1.23456789\mathrm{E} - 5$

3. 日期类型

日期类型的数据表示日期和时间，包括以下几种类型：

(1) date。

date 表示日期，数据的输入格式是：yyyy-mm-dd。

(2) time。

time 表示时间，数据的输入格式是：hh：mm：ss。

(3) datetime。

datetime 表示日期时间，数据的输入格式是：yyyy-mm-dd hh：mm：ss。

3.3　MySQL 软件的使用和用户管理

3.3.1　启动和停止 MySQL 服务器工作

安装了 MySQL 软件的计算机称做 MySQL 服务器，计算机开机后会自动启动 MySQL 软件工作。为了节省服务器的资源，减少内存的消耗，提高网络速度，管理员可以根据工作需要自行启动或者停止 MySQL 服务器工作。

1. 启动 MySQL 服务器工作

选择 Windows 桌面的"开始→程序→AppServ→Control Server by Menual→MySQL Start"选项，可以启动 MySQL 服务器工作。

2. 停止 MySQL 服务器工作

选择 Windows 桌面的"开始→程序→AppServ→Control Server by Menual→MySQL Stop"选项，可以停止 MySQL 服务器工作。

3.3.2　登录 MySQL 软件

1. 登录 MySQL 服务器的命令

命令格式：mysql － u＜用户名＞ －p ＜密码＞

命令行中的－u、－p 必须小写，－u、－p 后边不能有空格。

选择 Windows 桌面的"开始→运行"选项，出现如图 3—5 所示的对话框，输入正确的命令和用户名及密码后，可以登录到 MySQL 服务器，出现如图 3—6 所示的窗口。

2. 以管理员身份登录 MySQL 服务器

【例 3—1】 以管理员身份登录 MySQL 服务器。管理员的用户名是 root，密码是 88888888。

如图 3—5 所示输入登录 MySQL 服务器的命令：

mysql -uroot -p88888888

出现如图 3—6 所示的窗口，表示成功登录到 MySQL 服务器。

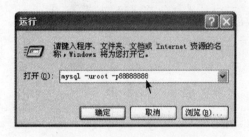

图 3—5 登录 MySQL 服务器

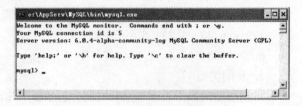

图 3—6 MySQL 服务器操作窗口

选择 Windows 桌面的 "开始→程序→AppServ→MySQL command line client" 选项，出现如图 3—7 所示的窗口，输入正确的数据库管理员的密码，出现 MySQL 服务器操作提示符，表示正确登录 MySQL 服务器。

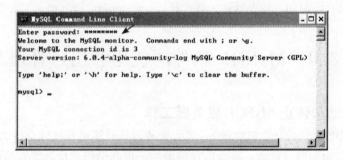

图 3—7 管理员登录 MySQL 服务器

3. 以普通用户身份登录 MySQL 服务器

【例 3—2】 如果用户名是 user1，密码是 001 的用户已经建立，以普通用户的身份登录 MySQL 服务器。

如图 3—5 所示，以普通用户的身份登录 MySQL 服务器的方法是输入登录的命令：

mysql -uuser1 -p001

出现如图 3—6 所示的窗口，表示成功登录到 MySQL 服务器。

4. MySQL 软件命令操作的规范

在如图 3—6 所示的 MySQL 服务器操作窗口，"mysql>" 是提示符，在提示符下输入操作命令，每条命令必须以分号（；）作为结束，才能得到结果。如果忘记输入分号直接回车，那么屏幕上将出现 "—>" 提示符，此时必须输入分号计算机才能执行命令得到结果。命令行中所有字符、标点都是半角英文字符，参数之间必须保留至少一个空格。一般来说，命令正确执行完毕后，得到 "Query ok,…" 的提示；否则，得到 "Error xxx,…" 的提示说明命令执行错误。

3.3.3　MySQL 软件的用户信息数据表

计算机安装了 MySQL 软件后，计算机内部有一个 MySQL 数据库，其中 user 数据表保存用户的数据。所有用户必须在这个数据表中存在，才能登录 MySQL 服务器，其中管理员用户的数据也在这个表中存在。表 3—9 列出了 user 数据表的数据项目名称。

表 3—9　　　　　　　　　　　　　user 数据表的数据项目名称

序号	数据项目名称	说明
1	host	服务器主机名称，一般是 localhost
2	user	用户名
3	password	登录密码
4	create_priv	建立数据库、数据表的权限设置为 Y 或 N
5	drop_priv	删除数据库、数据表的权限设置为 Y 或 N
6	alter_priv	修改数据表结构的权限设置为 Y 或 N
7	select_priv	检索数据表记录的权限设置为 Y 或 N
8	insert_priv	插入数据表记录的权限设置为 Y 或 N
9	update_priv	更新数据表记录的权限设置为 Y 或 N
10	delete_priv	删除数据表记录的权限设置为 Y 或 N

3.3.4　增加用户

1. 命令格式

管理员可以增加用户并设置用户的操作权限。命令格式：

```
insert  into  mysql.user (host, user, password, select_priv, …)
        values ('主机名称', '用户名称', '用户密码', '操作权限值', …) ;
```

增加用户后需要用命令：

```
flush privileges
```

让增加的用户生效。

2. 参数说明

mysql.user：表示 MySQL 数据库 user 数据表。

host：表示 MySQL 服务器的名称，一般是 localhost。

user：表示新建的用户名称。

password：表示用户密码。一定要用 password（）函数给密码加密。

select_priv：'y'表示有此权限，其他权限参照设置。

如果只有主机名称、用户名称、用户密码没有其他参数，表示新增加的用户没有对数据表操作的权限，只允许用户登录到 MySQL 服务器。

【例 3—3】　在本机中增加用户名是"user1"，密码是"001"的用户，具有检索、删除记录的权限。

```
mysql> use mysql ;
   -> insert into mysql.user(host, user, password, select_priv, delete_priv) values
   ->      ('localhost', 'user1', password('001'), 'y', 'y');
```

```
mysql>flush privileges;
```

在例 3—3 的命令中，"localhost"表示本机主机；"user1"表示增加的用户名；"001"表示密码，如果给密码加密可以用 password（"001"）对初始密码"001"加密；select_priv 设置成为"y"，表示 user1 具有"显示记录的权限"；delete_priv 设置成为"y"，表示 user1 具有"删除记录的权限"。

3.3.5　显示用户

1. 命令格式

管理员可以显示目前已经存在的用户信息。命令格式：

```
select * from mysql.user ;
```

2. 参数说明

mysql. user：表示 mysql 数据库 user 数据表。

＊：表示得到用户的所有数据项。参见表 3—9 可以得到指定的数据项。

【例 3—4】　管理员查看目前建立的用户名和密码。

在如图 3—6 所示的窗口输入命令：

```
mysql> select host,user,password from  mysql . user ;
```

出现如图 3—8 所示的窗口，则可以查看到目前建立的用户名和密码。

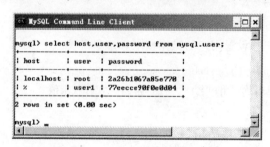

图 3—8　Mysql 服务器的用户信息

3.3.6　修改用户权限

1. 命令格式

管理员可以修改用户的操作权限，权限名称参见表 3—9。命令格式：

```
update  mysql.user  set  〈权限参数名称〉=〈值〉 [where〈数据项名〉=〈值〉];
```

2. 参数说明

语句中 where 是条件语句，具体使用方法见例 3—5 和例 3—6。

【例 3—5】　为本机用户名是"user1"的用户设置插入、修改记录的权限。

```
mysql> update mysql.user set insert_ priv = 'y', update_ priv = 'y'
    -> where user = 'user1' ;
```

【例 3—6】　将本机用户名是"user1"的密码设置成为"000000"。

```
mysql> update mysql.user  set password = password('000000') where user = 'user1' ;
```

3.3.7　删除用户

1. 命令格式

管理员可以删除用户。命令格式：

delete　from　mysql.user　[where〈数据项名〉=〈值〉];

2. 参数说明

【例 3—7】　删除本机用户名是 "user1" 的用户。

mysql> delete　from　mysql.user　where　user = 'user1';

3.4　管理 MySQL 的数据库

数据库的管理主要包括显示、建立、删除、打开数据库的操作。

3.4.1　显示数据库

显示数据库是指显示数据库服务器中已经存在的数据库名称。命令格式：

show　databases;

【例 3—8】　显示已经建立的数据库名称。

mysql> show　databases;

结果如图 3—9 所示。

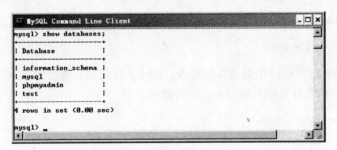

图 3—9　显示数据库名称

　　如图 3—9 所示的数据库名称是安装完 AppServ 软件后的初始状态，共有 4 个数据库，这些都是系统数据库，最好不要随意删除这些文件，其中 mysql 数据库存储有 MySQL 服务器用户的信息，如果将其删除将导致 MySQL 服务器故障。

3.4.2　建立数据库

用户可以建立数据库。建立数据库实际是建立一个文件夹。命令格式：

create　database　〈数据库名称〉;

【例 3—9】　建立数据库名称是 jxgl 的教学管理数据库。

mysql> create　database　jxgl;

结果如图 3—10 所示。

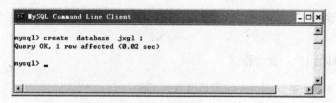

图 3—10　建立数据库

如图 3—10 所示的窗口表示成功建立了数据库，此时计算机的 E:\AppSev\MySQL\data 文件夹会出现 E:\AppSev\MySQL\data\jxgl 文件夹。利用显示已经建立的数据库名称的命令可以显示已经建立的数据库，结果如图 3—11 所示。

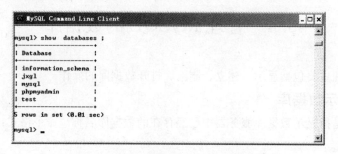

图 3—11　显示已经建立的数据库名称

完成了例 3—9 操作后，如图 3—11 所示共有 5 个数据库。对照如图 3—9 所示的窗口，计算机中多了 jxgl 数据库，这说明已经成功建立了 jxgl 数据库。

3.4.3　删除数据库

输入删除数据库的命令，可以删除已经存在的数据库。命令格式：

drop　database　〈数据库名〉；

删除数据库将删除数据库中的所有数据表，造成丢失数据，请慎重使用这个命令。

【例 3—10】　删除数据库名称是 jxgl 的数据库。

mysql>drop　database　jxgl;

结果如图 3—12 所示。

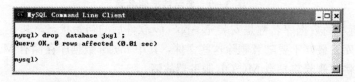

图 3—12　删除数据库

3.4.4　打开数据库

利用打开数据库的命令可以对打开的数据库的数据表操作。由于计算机中存在多个数据库，只有打开指定的数据库后，才能对这个数据库的数据表操作。命令格式：

use　〈数据库名〉；

【例 3—11】　打开 jxgl 的数据库。

```
mysql> use  jxgl ;
```

结果如图 3—13 所示。

图 3—13　打开数据库

3.5　管理 MySQL 数据表的结构

数据表由数据表结构和记录两部分组成，本节主要介绍对数据表结构操作的命令。

3.5.1　建立数据表

1. 设计数据表结构

建立数据表时，要定义数据表的文件名、字段名、字段类型、字段宽度、字段属性。以教学信息管理为例，进行介绍。

（1）学生情况表。表 3—1 学生情况表的设计结果如表 3—10 所示。

表 3—10　　　　　　　　　　**学生情况表结构（文件名：xsqk）**

序号	字段名	字段类型	宽度	说明
1	学号	char	7	字符，非 NULL
2	姓名	varchar	8	字符，非 NULL
3	密码	char	6	字符，非 NULL
4	身份证号	char	18	字符，非 NULL
5	电子邮箱	varchar	20	字符，必须包含@和.
6	注册时间	datetime		日期时间，利用计算机函数获得

NULL 表示"空值"；非 NULL 表示"非空值"。

（2）课程目录表。表 3—2 的课程目录表的设计结果如表 3—11 所示。

表 3—11　　　　　　　　　　**课程目录表结构（文件名：kcml）**

序号	字段名	字段类型	宽度	说明
1	课程号	char	7	字符，非 NULL
2	课程名称	varchar	20	字符，非 NULL
3	学分	int	3	数值，非 NULL
4	教师编号	char	7	字符，非 NULL
5	教室编号	char	7	字符，非 NULL

（3）课程成绩表。表 3—3 的课程成绩表的设计结果如表 3—12 所示。

表 3—12　　　　　　　　　　**课程成绩表结构（文件名：kscj）**

序号	字段名	字段类型	宽度	说明
1	学号	char	7	字符，非 NULL
2	课程号	char	7	字符，非 NULL
3	考试成绩	int	3	数值，记录考试成绩信息

（4）教师情况表。表 3—4 的教师情况表的设计结果如表 3—13 所示。

表 3—13   **教师情况表结构（文件名：rkjs）**

序号	字段名	字段类型	宽度	说明
1	教师编号	char	7	字符，非 NULL
2	教师姓名	char	8	字符，非 NULL
3	联系电话	char	11	字符，非 NULL

（5）教室情况表。表 3—5 的教室情况表的设计结果如表 3—14 所示。

表 3—14   **上课教室表结构（文件名：skjs）**

序号	字段名	字段类型	宽度	说明
1	教室编号	char	7	字符，非 NULL
2	人数	int	3	数值，记录教室容纳的人数

2. 建立数据表

利用批处理方式建立数据表非常方便。命令格式：

```
create  table  〈数据表名〉 (
    〈字段名1〉      〈字段类型〉,
    …   …
    〈字段名n〉      〈字段类型〉 );
```

【例 3—12】 在 jxgl 数据库，利用记事本程序建立 xsqk、kcml、kscj、rkjs、jsqk 数据表。

利用"开始→附件→记事本"建立"E:\AppServ\MySQL\data\jxgl_table.sql"文件。输入以下内容（注意不需要输入行号）：

```
(1)  use  jxgl ;
(2)      drop  table  if  exists  xsqk ;
(3)      drop  table  if  exists  kcml ;
(4)      drop  table  if  exists  kscj ;
(5)      drop  table  if  exists  rkjs ;
(6)      drop  table  if  exists  jsqk ;
(7)  create  table  xsqk (
(8)      学号  char(7),
(9)      姓名  varchar(8),
(10)     密码  char(6),
(11)     身份证号  char(18),
(12)     电子邮箱  varchar(20),
(13)     注册时间  datetime );
(14)  create  table  kcml (
(15)     课程号  char(7),
(16)     课程名称  varchar(20),
(17)     学分  int(3),
```

```
(18)        教师编号   char(7),
(19)        教室编号   char(7) );
(20)  create  table  kscj  (
(21)        学号  char(7),
(22)        课程号  char(7),
(23)        考试成绩   int(3) );
(24)  create  table  rkjs  (
(25)        教师编号   char(7),
(26)        教师姓名   varchar(8),
(27)        联系电话   varchar(11) );
(28)  create  table  jsqk  (
(29)        教室编号   char(7),
(30)        人数   int(3) );
```

程序说明：

（1）文件名的扩展名必须是".sql"。

（2）必须按照上述格式输入内容，注意标点符号不能省略和错误。

（3）第（13）条的"注册时间"为日期型数据，定义时不需要指定宽度。

（4）"drop table if exists xsqk"语句的作用是如果 xsqk 数据表已经存在将删除。

在 MySQL 软件窗口输入以下命令建立数据表，出现如图 3—14 所示的窗口。

```
mysql>  source  e:/AppServ/MySQL/data/jxgl_table.sql ;
```

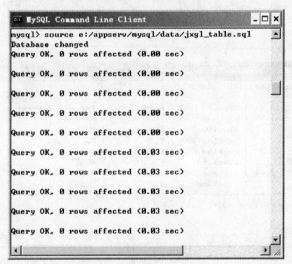

图 3—14　建立数据表批处理

3.5.2　显示数据表的名称

利用显示数据表的命令，可以显示已经建立的数据表。命令格式：

```
show  tables ;
```

【例 3—13】　显示 jxgl 数据库建立的数据表。

```
mysql>  use  jxgl ;
```

```
mysql> show  tables ;
```

结果如图 3—15 所示。

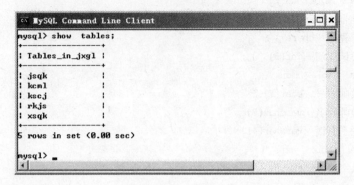

图 3—15   显示数据表

3.5.3   显示数据表的结构

输入显示数据表结构的命令，可以显示已经建立的数据表结构。命令格式：

```
describe 〈数据表名〉;
```

【例 3—14】   显示 jxgl 数据库 xsqk 数据表的结构。

```
mysql> use  jxgl ;
mysql> describe  xsqk ;
```

结果如图 3—16 所示。

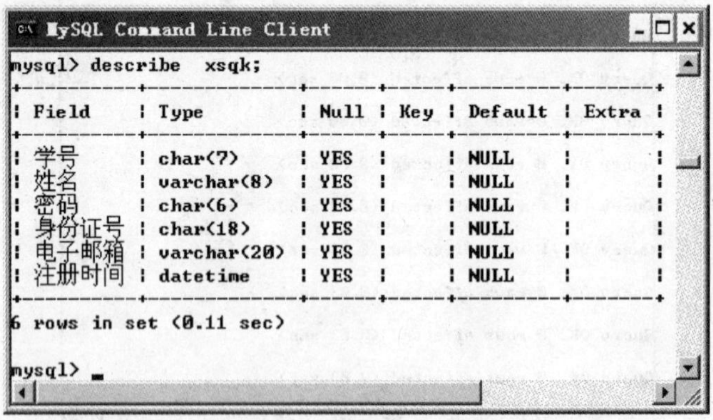

图 3—16   xsqk 数据表结构

【例 3—15】   显示 jxgl 数据库 kcml 数据表的结构。

```
mysql> use  jxgl ;
mysql> describe  kcml ;
```

结果如图 3—17 所示。

```
MySQL Command Line Client
mysql> describe  kcml;
+----------+-------------+------+-----+---------+-------+
| Field    | Type        | Null | Key | Default | Extra |
+----------+-------------+------+-----+---------+-------+
| 课程号   | char(7)     | YES  |     | NULL    |       |
| 课程名称 | varchar(20) | YES  |     | NULL    |       |
| 学分     | int(3)      | YES  |     | NULL    |       |
| 教师编号 | char(7)     | YES  |     | NULL    |       |
| 教室编号 | char(7)     | YES  |     | NULL    |       |
+----------+-------------+------+-----+---------+-------+
5 rows in set (0.02 sec)

mysql> _
```

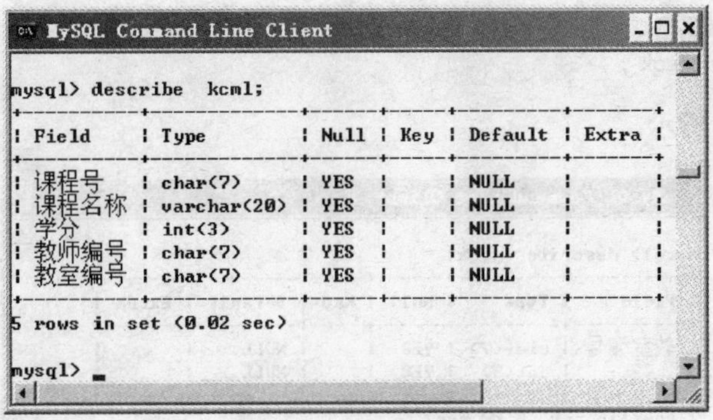

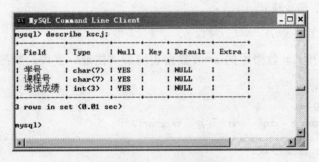

图 3—17　kcml 数据表结构

【例 3—16】　显示 jxgl 数据库 kscj 数据表的结构。

mysql＞use　jxgl；

mysql＞describe　kscj；

结果如图 3—18 所示。

```
MySQL Command Line Client
mysql> describe kscj;
+----------+---------+------+-----+---------+-------+
| Field    | Type    | Null | Key | Default | Extra |
+----------+---------+------+-----+---------+-------+
| 学号     | char(7) | YES  |     | NULL    |       |
| 课程号   | char(7) | YES  |     | NULL    |       |
| 考试成绩 | int(3)  | YES  |     | NULL    |       |
+----------+---------+------+-----+---------+-------+
3 rows in set (0.01 sec)

mysql>
```

图 3—18　kscj 数据表结构

【例 3—17】　显示 jxgl 数据库 rkjs 数据表的结构。

mysql＞use　jxgl；

mysql＞describe　rkjs；

结果如图 3—19 所示。

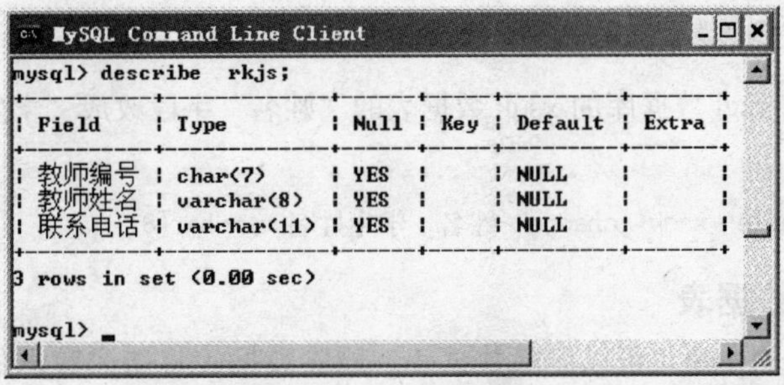

```
MySQL Command Line Client
mysql> describe  rkjs;
+----------+-------------+------+-----+---------+-------+
| Field    | Type        | Null | Key | Default | Extra |
+----------+-------------+------+-----+---------+-------+
| 教师编号 | char(7)     | YES  |     | NULL    |       |
| 教师姓名 | varchar(8)  | YES  |     | NULL    |       |
| 联系电话 | varchar(11) | YES  |     | NULL    |       |
+----------+-------------+------+-----+---------+-------+
3 rows in set (0.00 sec)

mysql> _
```

图 3—19　rkjs 数据表结构

【例 3—18】　显示 jxgl 数据库 jsqk 数据表的结构。

```
mysql> use  jxgl ;
mysql> describe  jsqk ;
```

结果如图 3—20 所示。

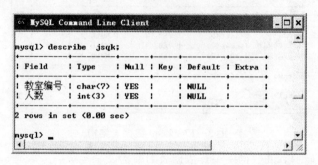

图 3—20 jsqk 数据表结构

3.5.4 修改数据表的结构

数据表建立完成后，可以增加、删除、修改数据表结构的字段名、字段类型。

（1）增加字段。命令格式：

```
alter  table  〈数据表名〉  add  〈字段名〉〈字段类型〉;
```

【例 3—19】   在 jxgl 数据库的 xsqk 数据表增加"住址"字段，数据类型是 20 位变长字符。

```
mysql> use  jxgl ;
mysql> alter  table  xsqk  add  住址  varchar(20) ;
```

（2）删除字段。命令格式：

```
alter  table  〈数据表名〉  drop  〈字段名〉;
```

【例 3—20】   删除 jxgl 数据库的 xsqk 数据表的"住址"字段。

```
mysql> use  jxgl ;
mysql> alter  table  xsqk  drop 住址 ;
```

（3）修改字段。命令格式：

```
alter  table  〈数据表名〉  change  〈字段名〉〈新字段名〉;
```

【例 3—21】   将 jxgl 数据库的 xsqk 数据表的"姓名"字段改成"学生姓名"。

```
mysql> use  jxgl ;
mysql> alter  table  xsqk  change  姓名  学生姓名 varchar(8) ;
```

3.5.5 删除数据表

输入删除数据表的命令，可以删除数据表。删除数据表将造成数据的丢失，应当慎重使用此命令。命令格式：

```
drop  table  〈数据表名〉;
```

【例 3—22】   删除 jxgl 数据库的 xsqk 数据表。

```
mysql> use  jxgl ;
mysql> drop  table  xsqk ;
```

3.5.6　数据表换名

输入数据表换名的命令，可以将数据表换名。命令格式：

rename table 〈数据表名称〉 to 〈新数据表名称〉;

【例 3—23】　将 jxgl 数据库的 xsqk 数据表名字换成 "new _ xsqk"。

```
mysql> use  jxgl ;
mysql> rename  table  xsqk  to  new _ xsqk ;
```

3.6　维护 MySQL 数据表记录

本节介绍维护数据表记录的操作命令，包括增加记录、修改记录、删除记录。

3.6.1　增加数据表记录

利用增加记录的命令可以在数据表中保存数据。命令格式：

insert into 〈数据表名〉(〈字段名 1〉,…,〈字段名 n〉) values (〈值 1〉,…,〈值 n〉);

增加记录时，需要注意命令的格式。如果字段是字符类型，字段的值要用引号（"）或（'）引起来；如果字段是数值类型，字段的值不需要引号（"）或（'）引起来；如果字段是日期类型，字段值的输入模式是 "yyyy-mm-dd"（即年月日的形式），同时必须用引号（"）或（'）引起来；如果字段是日期时间类型，字段值的输入模式是 "yyyy-mm-dd hh：mm：ss"（即年月日时分秒的形式），同时必须用引号（"）或（'）引起来。

【例 3—24】　参见表 3—1，增加 jxgl 数据库 xsqk 数据表的记录。

```
mysql>  use  jxgl ;
mysql>  insert into xsqk  (学号,姓名,身份证号,电子邮箱,密码,注册时间)
    ->    values ('0901001','张凯','1101011988080010018',
    ->        'aa@sina.com','111111','2009-09-01');
```

这里介绍了增加一条记录的方法，对于增加大量数据的工作来说比较麻烦。实际应用时，可以设计网页程序，利用网页页面输入数据表的记录。

【例 3—25】　利用记事本批处理方式可以增加多条记录；参见表 3—1 增加 jxgl 数据库 xsqk 数据表的记录，参见表 3—2 增加 jxgl 数据库 kcml 数据表的记录；参见表 3—3 增加 jxgl 数据库 kscj 数据表的记录；参见表 3—4 增加 jxgl 数据库 jsqk 数据表的记录；参见表 3—5 增加 jxgl 数据库 skjs 数据表的记录。

利用 "开始→附件→记事本" 建立 "E:\AppServ\MySQL\data\jxgl_table_insert. sql" 文件。输入以下内容（注意行号不输入）：

```
(1)  use  jxgl ;
(2)  delete from xsqk;
(3)  delete from kcml;
```

(4) delete from kscj;

(5) delete from rkjs;

(6) delete from jsqk;

(7) insert into xsqk (学号,姓名,身份证号,电子邮箱,密码,注册时间) values

(8) ("0901001","张凯","110101198808010018","aa@sina.com","111111", "2009-09-01");

(9) insert into xsqk (学号,姓名,身份证号,电子邮箱,密码,注册时间) values

(10) ("0901002","刘丽颖","110101198706010028","bb@sina.com","222222", "2009-09-02");

(11) insert into xsqk (学号,姓名,身份证号,电子邮箱,密码,注册时间) values

(12) ("0901003","张凯","110101197701010011","cc@sina.com","333333", "2009-09-01") ;

(13) insert into kcml (课程号,课程名称,学分,教师编号,教室编号) values

(14) ("K01","计算机应用技术",3,"T01","D01");

(15) insert into kcml (课程号,课程名称,学分,教师编号,教室编号) values

(16) ("K02","网络数据库技术",3,"T02","D02");

(17) insert into kcml (课程号,课程名称,学分,教师编号,教室编号) values

(18) ("K03","算法设计", 3,"T03","D03") ;

(19) insert into kscj (学号,课程号,考试成绩) values

(20) ("0901001","K01",80);

(21) insert into kscj (学号,课程号,考试成绩) values

(22) ("0901002","K01",85);

(23) insert into kscj (学号,课程号,考试成绩) values

(24) ("0901003","K01",90);

(25) insert into kscj (学号,课程号,考试成绩) values

(26) ("0901001","K02",80);

(27) insert into kscj (学号,课程号,考试成绩) values

(28) ("0901002","K02",85);

(29) insert into kscj (学号,课程号,考试成绩) values

(30) ("0901002","K03",90);

(31) insert into kscj (学号,课程号,考试成绩) values

(32) ("0901003","K03",80);

(33) insert into rkjs (教师编号,教师姓名,联系电话) values

(34) ("t01","王林","13800138001");

(35) insert into rkjs (教师编号,教师姓名,联系电话) values

(36) ("t02","赵小东","13800138002");

(37) insert into rkjs (教师编号,教师姓名,联系电话) values

(38) ("t03","丁鹏","13800138003");

(39) insert into jsqk (教室编号,人数) values ("D01",100);

(40) insert into jsqk (教室编号,人数) values ("D02",80);

(41) insert into jsqk (教室编号,人数) values ("D03",50);

在如图 3—6 所示的窗口，输入以下命令，可以增加记录：

mysql> source e:/AppServ/MySQL/data/jxgl_table_insert.sql;

输入检索数据的命令：

mysql> select * from xsqk ;

可以显示 xsqk 数据表的记录，如图 3—21 所示。

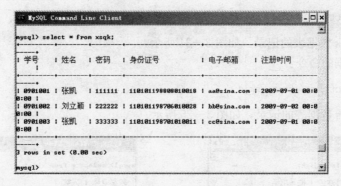

图 3—21　jxgl 数据库的 xsqk 数据表的记录

输入检索数据的命令：

mysql> select ＊ from kcml ;

可以显示 kcml 数据表的记录，如图 3—22 所示。

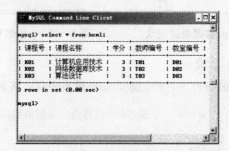

图 3—22　jxgl 数据库的 kcml 数据表的记录

输入检索数据的命令：

mysql> select ＊ from kscj ;

可以显示 kscj 数据表的记录，如图 3—23 所示。

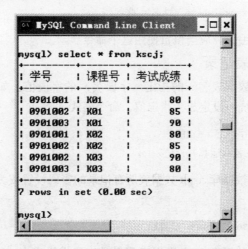

图 3—23　jxgl 数据库的 kscj 数据表的记录

输入检索数据的命令：

mysql> select * from jsqk;

可以显示 jsqk 数据表的记录，如图 3—24 所示。

输入检索数据的命令：

mysql> select * from skjs;

可以显示 skjs 数据表的记录，如图 3—25 所示。

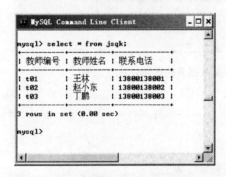

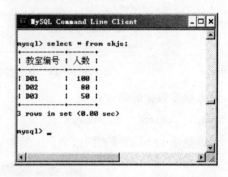

图 3—24　jxgl 数据库的 jsqk 数据表的记录　　图 3—25　jxgl 数据库的 skjs 数据表的记录

3.6.2　删除数据表记录

删除指定〈数据表名〉的符合条件的记录，如果没有条件，将删除所有记录。命令格式：

delete from 〈数据表名〉[where 〈字段名 1〉〈运算符〉〈字段值〉];

【例 3—26】　删除 jxgl 数据库 xsqk 数据表的所有记录。

mysql> use jxgl;

mysql> delete from xsqk;

【例 3—27】　删除 jxgl 数据库 xsqk 数据表姓名是"张凯"的记录。

mysql> use jxgl;

mysql> delete from xsqk where 姓名 = '张凯';

删除记录将导致数据丢失，应当慎重使用这个命令。

3.6.3　修改数据表记录

有条件地修改指定〈数据表名〉的指定〈字段名〉的字段值。如果没有指定条件，将把这个字段的所有记录的值统一设定成为指定值。命令格式：

update 〈数据表名〉set 〈字段名〉=〈值〉

　　　　[where 〈字段名〉〈运算符〉〈值〉];

【例 3—28】　将 jxgl 数据库 xsqk 数据表所有记录的密码设置成为"111111"。

mysql> use jxgl;

mysql> update xsqk set 密码 = '111111';

【例 3—29】　将 jxgl 数据库 xsqk 数据表张凯的密码设置成为"000000"。

```
mysql> update  xsqk  set   密码 = '000000' where 姓名 = '张凯' ;
```

3.7　检索 MySQL 数据表记录

3.7.1　检索数据表记录

1. 检索数据表记录

检索数据表记录是指从数据表中得到指定条件的数据，也被称作查询数据。

利用 select 语句可以检索数据表中的记录。检索数据表记录务必知道以下内容：

（1）明确被检索的数据在哪个数据表。

（2）明确检索记录是否有条件，用规范的语句表达出条件。

（3）明确检索结果的数据项是什么。

例如，显示姓名是张凯的学生学号、姓名、密码。这个题目是对学生情况表（xsqk）处理，检索条件是姓名是张凯，检索的数据项是学号、姓名、密码。这个操作可以用下列语句完成：

```
select 学号,姓名,密码 from xsqk
```

2. select 语句格式

select 语句的格式：

```
select  〈字段名表〉 from 〈数据表名〉
       [where  〈条件〉]
       [order  by  〈字段名〉  [〈asc〉|〈desc〉]]
```

从指定的〈数据表名〉中按照指定的〈条件〉得到〈字段名表〉的记录。参数说明：

〈数据表名〉指定要处理的数据库的数据表名，如果是多个数据表，需要用逗号分开。

〈字段名表〉指定得到数据表的字段，如果是多个字段，需要用逗号分开。"＊"表示所有字段。

[where　〈条件〉]：多表数据操作时数据表联接的条件或字段条件。

[order　by　〈字段〉　[　〈asc〉　|　〈desc〉]]：指定输出记录的排列次序，默认是升序排列。

3.7.2　检索单表记录

检索单表数据是指对 1 个数据表记录的检索操作。

【例 3—30】　检索 jxgl 数据库 xsqk 数据表的所有记录。

```
mysql> use  jxgl ;
   ->select  ＊  from  xsqk ;
```

结果如图 3—21 所示。

【例 3—31】　检索 jxgl 数据库 xsqk 数据表所有记录的姓名和身份证号。

```
mysql> use  jxgl ;
mysql> select  姓名,身份证号  from  xsqk ;
```

结果如图 3—26 所示。

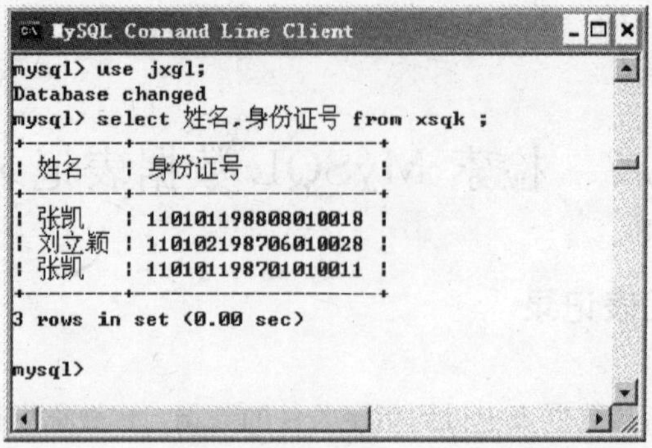

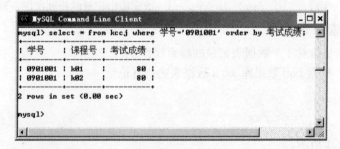

图 3—26

【例 3—32】　检索姓名是"张凯"的学号、姓名、密码的记录。

mysql＞ use　jxgl ;

　 -＞ select　学号,姓名,密码　from　xsqk　where　姓名 = '张凯';

结果如图 3—27 所示。

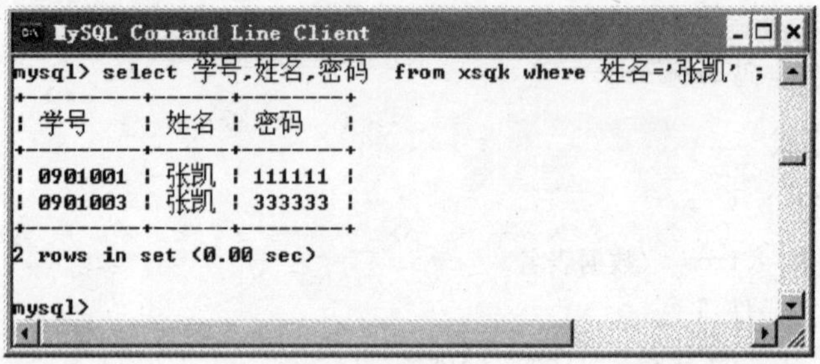

图 3—27

【例 3—33】　检索学号是"0901001"的学生的选课信息，记录按照考试成绩排序。

mysql＞ use　jxgl ;

　 -＞ select　*　from　kscj　where　学号 = '0901001'　order by　考试成绩 ;

结果如图 3—28 所示。

图 3—28

3.7.3　检索多表记录

多数据表是指将两个或两个以上的数据表，按照公共字段值相等的原则建立关联关系形成的数据集合。利用本章的命令可以对新建立的数据集合进行相关操作。以教学信息管理为例进行介绍。

（1）学生情况表（xsqk）和课程成绩表（kscj）关联。

【例 3—34】 在学生情况表（xsqk）和课程成绩表（kscj）中都有"学号"字段，可以按照"学号"字段值相等的原则建立关联关系，形成新的数据集合，新的数据集合包括学生情况表（xsqk）和课程成绩表（kscj）的所有字段名。

mysql＞select ＊ from xsqk,kscj where xsqk.学号＝kscj.学号;

结果如图 3—29 所示。

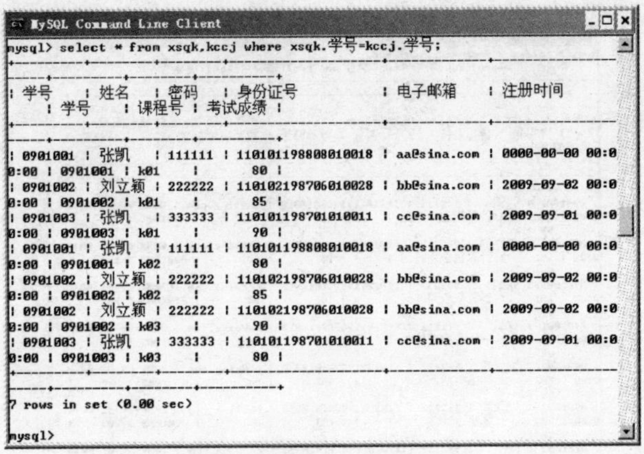

图 3—29

（2）课程目录表（kcml）和课程成绩表（kscj）关联。

【例 3—35】 在课程目录表（kcml）和课程成绩表（kscj）中都有"课程号"字段，可以按照"课程号"字段值相等的原则建立关联关系，形成新的数据集合，新的数据集合包括课程目录表（kcml）和课程成绩表（kscj）的所有字段名。

mysql＞select ＊ from kcml,kscj where kcml.课程号＝kscj.课程号;

结果如图 3—30 所示。

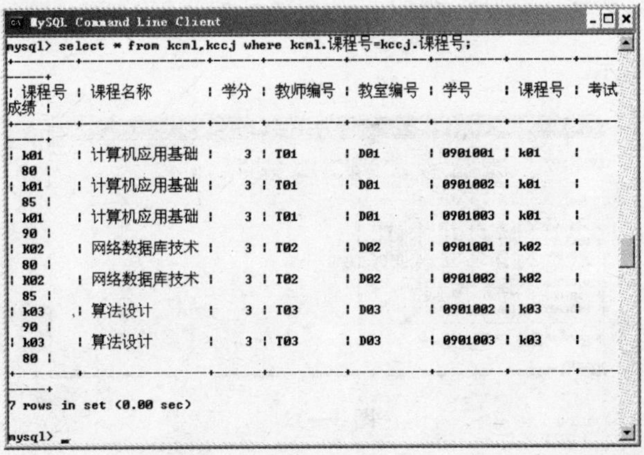

图 3—30

（3）学生情况表（xsqk）和课程成绩表（kscj）、课程目录表（kcml）和课程成绩表（kscj）关联。

【例3—36】 在学生情况表（xsqk）和课程成绩表（kscj）都有"学号"字段，可以按照"学号"字段值相等的原则建立关联关系。同时，课程目录表（kcml）和课程成绩表（kscj）都有"课程号"字段，可以按照"课程号"字段值相等的原则建立关联关系，形成新的数据集合。新的数据集合包括xsqk数据表、kscj数据表和kcml数据表的所有字段名。

```
mysql>select  *  from  xsqk,kscj,kcml
    where  xsqk.学号=kscj.学号  and kcml.课程号=kscj.课程号;
```

结果如图3—31所示。

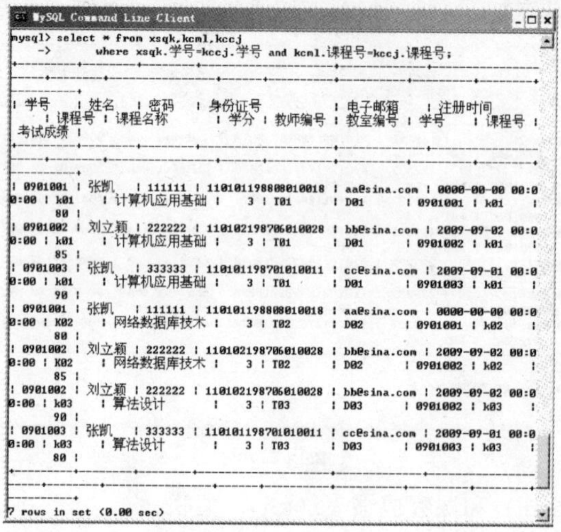

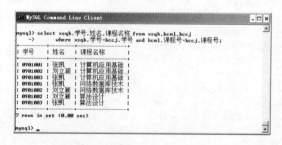

图3—31

【例3—37】 检索选课人的学号、姓名、课程名称、考试成绩。

```
mysql> use  jxgl；
  -> select  xsqk.学号,姓名,课程名称,考试成绩
  -> from  xsqk,kscj,kcml
  -> where  xsqk.学号=kscj.学号 and kcml.课程号=kscj.课程号;
```

结果如图3—32所示。

图3—32

由于在xsqk数据表和kscj数据表都有"学号"字段，所以select后必须指定"学号"来自哪个数据表。这里用"xsqk.学号"或"kscj.学号"都可以。

【例3—38】 检索姓名是"张凯"的学号、姓名、课程名称、考试成绩的信息。

```
mysql> use jxgl ;
    -> select  xsqk.学号,姓名,课程名称,考试成绩
    -> from  xsqk,kscj,kcml
    -> where 姓名 = '张凯' and xsqk.学号 = kscj.学号 and kcml.课程号 = kscj.课程号;
```

结果如图 3—33 所示。

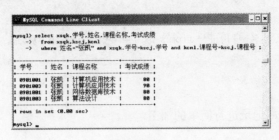

图 3—33

3.7.4　通配符

检索数据时有些操作属于模糊操作，例如检索姓名中姓"张"的记录属于模糊检索，利用 MySQL 通配符"％"和"＿"可以解决这类问题。"％"是匹配所有字符；"＿"是匹配一个字符；Like 是用于配合通配操作符的运算符号；like 前加"not"表示非操作。

【例 3—39】　检索所有姓"张"的记录的学号、姓名、身份证号的信息。

```
mysql> use  jxgl ;
    -> select 学号,姓名,身份证号 from xsqk where 姓名 like '张％';
```

结果如图 3—34 所示。

图 3—34

【例 3—40】　检索除姓"张"的记录的学号、姓名和身份证号。

```
mysql> use  jxgl ;
    -> select 学号,姓名,身份证号 from xsqk where 姓名 not like '张％';
```

结果如图 3—35 所示。

图 3—35

【例 3—41】　检索姓名是张凯、刘立颖的学号、姓名、身份证号的信息。

```
mysql> use  jxgl ;
    -> select  学号,姓名,身份证号 from xsqk where 姓名 in ('张凯','刘立颖');
```

【例 3—42】　检索除张凯、刘立颖以外的学生的身份证号、姓名和身份证的信息。

```
mysql> use  jxgl;
    -> selec  学号,姓名,身份证号 from xsqk where 姓名 not in ('张凯','刘立颖');
```

3.7.5　函数

1. 函数的概念

函数可以对数据表的记录进行简单的加工运算。

2. 函数的参数

count（*）：统计数据表记录个数。

sum（〈字段名〉）：对指定的〈字段名〉按字段名求和。

avg（〈字段名〉）：对指定的〈字段名〉按字段名求平均。

max（〈字段名〉）：对指定的〈字段名〉按字段名求最大值。

min（〈字段名〉）：对指定的〈字段名〉按字段名求最小值。

【例 3—43】　统计学生情况表在册的人数和姓"张"的人数。

```
mysql>use  jxgl ;
mysql>select  count（*）  from  xsqk ;
mysql>select  count（*）  from  xsqk  where  姓名 like  '张%';
```

结果如图 3—36、图 3—37 所示。

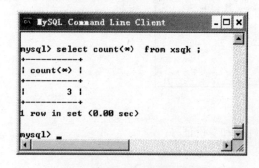

图 3—36　统计在册的人数　　　　图 3—37　统计姓"张"的人数

由于 xsqk 学生情况表每一个学生的学号不重复，因此一条记录表示一个学生，所以要统计在册的会员人数，只要统计记录数就可以了。

【例 3—44】　统计开课门数，统计"0901001"的选课数、考试成绩的平均分。

```
mysql>use  jxgl ;
mysql>select  count（*）  from  kcml ;
mysql>select  count（*）  from  kscj  where  学号 = '0901001'
```

```
mysql>select  avg（考试成绩）  from  kscj  where  学号 = '0901001'；
```

结果如图 3—38、图 3—39 所示。

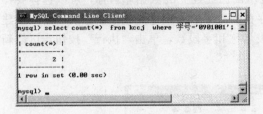 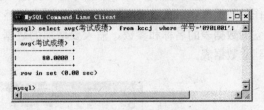

图 3—38　统计"0901001"的选课数　　　图 3—39　统计"0901001"的考试成绩平均分

3.8　phpMyAdmin 软件介绍

phpMyAdmin 是技术人员利用 PHP 技术设计的图形菜单方式管理数据库和数据表数据的软件。phpMyAdmin 软件操作简单、直观，每个职能都是利用前面介绍的相关语句完成的。

3.8.1　登录 phpMyAdmin

在浏览器的地址栏输入"http://127.0.0.1/phpMyAdmin"，出现如图 3—40 所示的对话框，表示 phpMyAdmin 软件安装成功。

在如图 3—40 所示的对话框中输入用户名和密码（第 2 章安装 MySQL 软件时设置的密码），单击"确定"按钮，出现如图 3—41 所示的窗口，表示正确登录到数据库服务器中。

 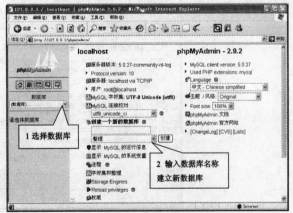

图 3—40　登录 phpMyAdmin　　　　　　　图 3—41　建立新数据库

3.8.2　利用 phpMyAdmin 访问数据库

在如图 3—41 所示的 phpMyAdmin 软件的主窗口，可以选择和浏览已经建立的数据库。输入数据库名称后，单击"创建"按钮，可以建立新数据库。

3.8.3 利用 phpMyAdmin 访问数据表

1. 建立数据表

如图 3—42 所示,在"数据库"列表框,显示出已经建立的数据库名称,可以选择要操作的数据库。屏幕上显示出所选数据库中已经存在的数据表。如果要创建数据表,输入要建立的数据表的名称和参数,输入要增加的数据表名称和字段数,单击"执行"按钮,可以新建立数据表。

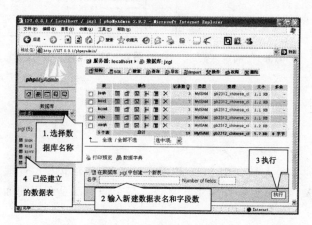

图 3—42　建立新数据库

2. 删除数据表

如图 3—43 所示,在"数据库"列表框,选择要维护的数据库名称,此时屏幕出现所选数据库已经建立的数据表,用户可以选择一个数据表名称,如果要删除数据表,选择数据表名称后,单击"删除"按钮,可以删除选择的数据表。

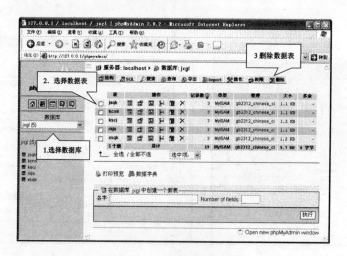

图 3—43　浏览数据表结构

3. 浏览数据表结构

如图 3—44 所示,在"数据库"列表框,选择数据库"jxgl"、数据表"xsqk"后,单击"结构"按钮,可以显示数据表结构。

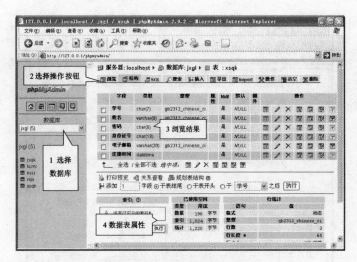

图 3—44　浏览数据表的结构

4. 浏览数据表记录

如图 3—45 所示，在"数据库"列表框，选择数据库"jxgl"、数据表"xsqk"后，单击"浏览"按钮，可以显示数据表的记录。

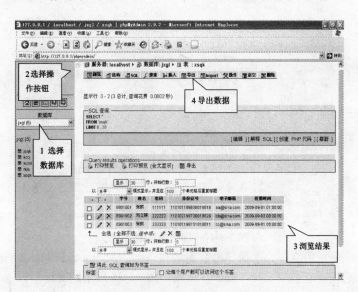

图 3—45　浏览数据表的记录

5. 增加数据表记录

在"数据库"列表框，选择数据库"jxgl"、数据表"xsqk"后，单击"插入"按钮，出现如图 3—46 所示的增加数据表记录的窗口，可以输入数据记录内容。

3.8.4　MySQL 数据表记录的导出、导入

1. 数据表记录的导出

数据表记录的导出是将 MySQL 数据表的数据转换成文本格式或电子表格格式的数据。

【例 3—45】　将 jxgl 数据库 xsqk 数据表的数据转换成 xsqk. xls 文件。

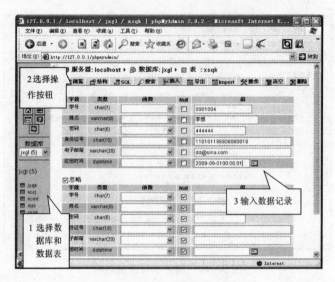

图 3—46　增加数据表记录

在如图 3—45 所示的窗口，选择"导出"按钮，出现如图 3—47 所示的窗口。

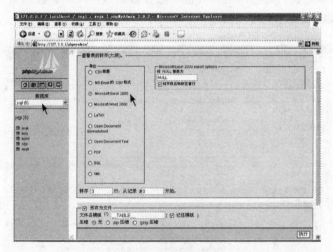

图 3—47　导出数据表记录

在如图 3—47 所示的窗口，选择导出数据的格式为"Microsoft Excel 2000"，勾选"将字段名放在首行"选项，单击"执行"按钮，出现如图 3—48 所示的对话框。

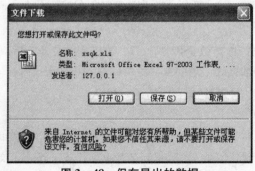

图 3—48　保存导出的数据

在如图 3—48 所示的对话框中，单击"打开"按钮，出现如图 3—49 所示的窗口。

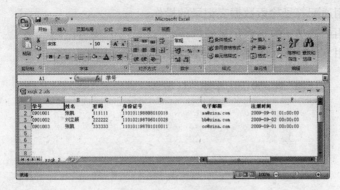

图 3—49　导出的数据

在如图 3—49 所示的窗口中，可以将文件保存到指定的文件名，完成导出数据的操作。

2. 数据表记录的导入

数据表记录的导入是将文本格式或电子表格格式的数据转换成 MySQL 数据表的数据。操作方法与例 3—45 类似，不再赘述。

思考题

1. 请结合实际案例分析数据表的构成，设计数据表的结构。

2. 认真体会 MySQL 软件的数据存储结构，说明用户、服务器、数据库、数据表、数据项的关系。

3. 说明数据库管理员的作用是什么。

4. 说明 MySQL 软件能够处理哪些类型的数据。

5. 说明启动和停止 MySQL 服务器工作的操作过程。

6. 说明管理员如何登录 MySQL 服务器。

7. 用户数据表有什么作用？

8. 如何增加用户名为 user2，密码为 002 的用户，并给密码加密。

9. 将所有用户的密码设置成为"111111"。

10. 删除具有插入记录（insert_priv）权限的用户。

11. 掌握和练习对数据库操作的命令。

12. 完成例 3—12 的操作。

13. 完成例 3—13 的操作。

14. 完成显示数据表结构的操作。

15. 完成修改数据表的操作。

16. 完成换名数据表的操作。

17. 完成增加数据表记录的操作。

18. 完成修改数据表记录的操作。

19. 检索数据表记录包括哪些要素？

20. 完成检索单表数据表记录的操作。

21. 完成检索多表数据表记录的操作。
22. 完成利用通配符号检索数据表记录的操作。
23. 完成利用函数加工数据表记录的操作。
24. 了解利用 phpMyAdmin 管理数据表记录的操作过程。

第4章　设计网页程序

互联网的信息是通过网页程序以网页页面的形式显示给浏览者的，编程人员利用 HTML 语言（超文本标记语言）设计网页程序，供浏览者在浏览器软件的控制下浏览网页页面的内容。

本章介绍设计网页程序的方法，重点说明标签语句的使用规范，结合 Dreamweaver 软件的使用，介绍设计网页程序的操作方法。读者通过学习本章的内容应当掌握利用标签语句设计出简单网页程序文件的技能。

【要点提示】

1. 学习设计网页程序的基本知识。
2. 学习 Dreamweaver 软件的使用方法。
3. 掌握网页程序的基本结构和设计网页程序的规范。
4. 掌握常用的 HTML 标签语句的使用方法。
5. 掌握表单及表单元素的使用方法，会设计交互数据处理职能的网页程序。

4.1　网页程序设计概述

设计网页程序需要了解网页程序基础知识，搞清楚设计网页的基本概念。

4.1.1　网页程序基础知识

互联网的信息是通过网页程序在浏览器软件的控制下，以网页页面的形式显示给浏览者的。读者学习网页设计的知识需要了解网页程序、网站特点、浏览器、网页页面之间的关系。

1. 网页程序

网页程序是编程人员根据实际应用的需要，利用网页程序设计语言设计出的计算机文件。网页程序保存在网站的指定文件夹，供浏览者浏览。网页程序是一些标签语句、字母和文字按照一定算法逻辑组织起来的，所以网页程序的设计要遵循设计规范。根据网页程序处理职能的需要，以及设计网页采用的技术，网页程序文件有不同的类型，常见的网页程序文件有 HTML、ASP、JSP 和 PHP 类型。本章主要介绍设计 HTML 和 PHP 类型的网页程序的方法。

2. 网站站点

为了有效地管理网页程序文件，需要把网页程序保存到网站服务器指定的文件夹，这个文件夹被称为站点。由于每个网站站点都有一个 IP 地址，所以当按照本书第 2 章中介绍的方法，安装了服务器软件后，网站 IP 地址就是"http://127.0.0.1"。按照规范网页程序必须保存到 E:\AppServ\www 文件夹，这样浏览者在 IE 浏览器的地址栏输入"http://127.0.0.1/〈网页程序文件名〉"，就能浏览网页程序的页面内容了。

按照设计规范，每个网站都要有一个主页程序文件，网站主页程序文件的文件名一般是 index.* 或 default.* 文件，文件类型可以是".html"、".asp"、".jsp"、".php"。所以浏览网站的主页可以直接输入网站的域名地址，计算机自动显示网站主页程序的内容。

3．浏览器

浏览器是浏览网页程序的软件，目前大多数用户使用微软公司的 IE 浏览器软件。浏览者在计算机中安装了浏览器软件后，才能看到网页程序的结果。对于 Windows 用户来说，安装 Windows 系统后浏览器软件会自动安装到计算机中，浏览者可以从微软官方网站下载到最新版本的浏览器软件。

4．网页页面

网页页面是网页程序在浏览器的控制下显示的内容。网页页面有以下几种类型：

（1）网页页面上有文字、图片、动画、声音、影视效果。这类网页程序以显示固定网页信息为主，属于静态网页程序。

（2）网页页面上有超级链接的效果，可以进行网页页面间的切换。这类网页程序也属于静态网页程序。

（3）浏览者可以在网页页面上输入数据，网页程序将输入的内容保存经过检测后保存到网站的数据库。这类网页程序涉及对数据的检测加工，属于动态网页程序。

（4）网页程序可以显示来自网站的信息提示。这类网页要对网站的数据加工，属于动态网页程序设计。

4.1.2　网页程序设计语言

网页程序设计语言是设计网页程序的软件工具。Dreamweaver 软件是常用的网页程序设计语言，利用 Dreamweaver 软件可以方便地设计出网页程序文件。编程人员利用网页程序解决现实中的应用问题时，需要把要解决的问题分成若干步骤，每个步骤细化成能用计算机命令语句处理，这样可以把复杂的问题简单化，所以网页程序是由计算机的命令语句组成的。网页程序的语句间存在顺序关系、分支关系和循环关系。所以设计网页程序时，需要先认真分析要解决的问题，将问题细化，然后再利用网页程序设计语言设计网页程序文件。

4.2　利用 Dreamweaver CS 软件设计网页程序

Dreamweaver 软件是专用于设计网页程序文件的软件，本节介绍利用 Dreamweaver 软件设计网页程序的方法。

4.2.1　建立网页程序

根据实际应用的需要，利用 Dreamweaver 软件建立网页程序时，需要明确网页的类型，然后再输入语句，设计和调试网页程序文件。本书主要介绍设计 HTML 和 PHP 类型网页程序的方法。

1. 新建网页

在 Dreamweaver 软件的主窗口，选择菜单栏的"文件→新建"菜单项，出现如图 4—1 所示的对话框，选择新建网页程序文件的类型。新建设计网页程序时，首先要明确网页程序属于哪种类型。

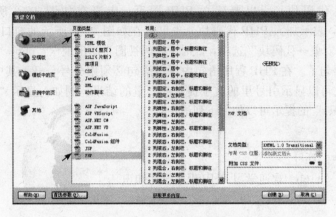

图 4—1　选择新建网页类型

在如图 4—1 所示的对话框中，选择"HTML"选项可以建立 HTML 格式的网页程序，选择"PHP"选项可以建立 PHP 格式的网页程序。选择了网页程序文件的类型后，出现如图 4—2 和图 4—3 所示的设计网页程序的视图窗口。

图 4—2　代码方式建立网页程序

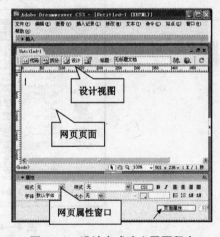

图 4—3　设计方式建立网页程序

2. 设计网页程序的语句

利用 Dreamweaver 软件设计网页程序有"代码视图"和"设计视图"两种操作方式。

（1）代码视图。

如图 4—2 所示，利用代码视图建立网页程序文件，适合专业人员设计复杂的网页程序文件，编程人员可以根据自己的设计逻辑直接输入网页程序的标签语句，设计出网页程序文件。

（2）设计视图。

如图 4—3 所示，利用设计视图建立网页程序文件，适合非专业人员设计简单的网页程序，编程人员可以根据自己的设计逻辑直接设计页面出现的内容，计算机自动出现网页程序的标签语句，这样提高了程序的设计效率。

（3）设计 PHP 网页程序。

PHP 网页程序涉及对数据加工的算法，需要编程人员自己输入网页程序的标签语句，这些语句称作 PHP 代码块，所以要建立 PHP 网页，应当在如图 4—2 所示的窗口输入〈? php…?〉语句，表示加入 PHP 代码块。也可以在如图 4—2 所示的窗口，选择菜单栏的"插入记录→PHP 对象→代码块"选项，此时在代码视图自动出现〈? php…?〉语句块，这样就可以输入有关语句了。在 PHP 程序语句中每条语句必须用分号分开，其中 print 语句是显示数据的语句，它可以显示引号里的文字提示或变量的结果。例如，显示"你好！欢迎学习 PHP 程序设计知识。"的提示可以使用下列语句：

(1)　〈?php
(2)　　$ title = '你好！';
(3)　　print　$ title.'欢迎学习 PHP 程序设计知识.';
(4)　?〉

3. 保存网页程序

在如图 4—2 所示的窗口，选择菜单栏的"文件→另存为"菜单项，出现如图 4—4 所示的对话框，可以保存网页程序文件。

图 4—4　保存网页程序

在如图 4—4 所示的对话框中，选择保存网页文件所在的文件夹、输入文件名和保存文件的类型，单击"保存"按钮，可以保存网页程序文件。应当根据所建立网页程序的类型，确认文件的类型，可以是.html 文件或者是.php 文件。

【例 4—1】　设计文件名是"n-4-1.php"的网页程序文件，要求如下所述：

（1）设置网页的标题栏出现"网页程序练习"的提示。

（2）网页的背景颜色设置成为浅灰色。

（3）网页页面出现"网页程序练习"的标题。

利用 Dreamweaver 软件建立网页程序的操作过程如下所述：

（1）在 Dreamweaver 软件的主窗口，选择菜单栏的"文件→新建"菜单项，出现如图 4—1

所示的窗口。在如图 4—1 所示的窗口，选择网页文件类型，单击"创建"按钮，出现如图 4—2 所示的窗口，新建网页程序文件。

（2）在如图 4—2 所示的窗口，找到〈title〉语句设置标题栏提示。本例设置标题栏提示是"网页程序练习"，请参见"〈title〉网页程序练习〈/title〉"语句。

（3）在如图 4—3 所示的窗口，单击"页面属性"按钮，出现如图 4—5 所示的窗口，单击"背景颜色"按钮，选择网页的背景颜色，请参见本例程序中的 background-color 语句。

（4）在如图 4—3 所示的窗口，在网页页面输入"网页程序练习"设置网页标题，请参见本例程序中的第（15）条语句。

（5）在如图 4—1 所示的窗口，选择"文件→另存为"菜单项，出现如图 4—4 所示的窗口，输入保存的文件名和文件类型，单击"保存"按钮，可以保存网页程序文件。

例 4—1 网页程序的浏览结果如图 4—6 所示。

图 4—5　页面属性—背景颜色

图 4—6　例 4—1 网页程序的浏览结果

例 4—1 网页程序的语句如下：

```
(1)  〈!DOCtype html PUBLIC "-//W3C//Dtd XHTML 1.0 Transitional//EN"
(2)  "http://www.w3.org/tr/xhtml1/Dtd/xhtml1-transitional.dtd"〉
(3)  〈html xmlns = "http://www.w3.org/1999/xhtml"〉
(4)  〈head〉
(5)  〈meta http-equiv = "Content-Type" content = "text/html; charset = utf-8" /〉
(6)  〈title〉网页程序练习〈/title〉
(7)  〈style type = "text/css"〉
(8)  〈!--
(9)  body {
(10) background-color: #CCCCFF;
(11) }
(12) --〉
(13) 〈/style〉〈/head〉
(14) 〈body〉
(15) 网页设计练习
(16) 〈/body〉
```

61

(17) 〈/html〉

程序说明： 在例 4—1 网页程序的语句中，第（1）～（2）条语句是注释语句，由计算机自动产生，在程序运行中不起作用，为了节省版面以后的例题将删除计算机自动产生的注释语句。第（3）～（17）条语句是网页程序的核心语句。例 4—1 重点讲述设计网页背景颜色、网页标题栏、网页页面提示的操作过程。通过例 4—1 的网页程序，应当了解 Dreamweaver 软件的使用方法和网页程序结构的知识。

4.2.2 网页程序的结构

1. 网页程序的结构框架

通过例 4—1 的网页程序可以看出网页程序的结构框架如图 4—7 所示。

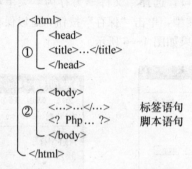

图 4—7　网页程序的结构框架

2. 网页程序的结构框架说明

网页程序文件的"〈…〉"称作网页程序的标签语句，标签一般由开始标签（如〈html〉）和结束标签（如〈/html〉）配对出现。不过个别标签只有开始标签，没有结束标签。开始标签和结束标签之间可以嵌套出现新的标签。标签名称的字母大写或小写都可以。

网页程序文件由〈head〉标签和〈body〉标签两部分组成。其中，网页程序中与网页页面的标题栏有关的信息在〈head〉…〈/head〉部分设计，与网页页面有关的信息在〈body〉…〈/body〉部分设计。根据数据处理逻辑的需要，在〈body〉…〈/body〉部分可以出现 HTML 标签语句或者出现对数据加工的脚本语句，其中脚本语句一般是由编程人员按照程序的处理逻辑手工输入完成。

本章介绍的标签语句除特殊说明外，语句中"♯"表示需要设置一个指定的输入值；在语句的格式中，"[]"中的选项表示选择项，其内容可以设定也可以不设定；"｜"表示从给定的选项任选其中一项。

4.3　网页程序的基本标签

4.3.1　〈html〉与〈/ html 〉标签

1.〈 html 〉…〈/ html 〉标签的作用

〈html〉…〈/html〉标签是网页程序的开始和结束标签，每个网页程序都必须有这个标签。

2．〈html〉…〈/html〉标签的语句格式

〈html〉

　　网页程序的其他标签

〈/html〉

4.3.2　〈head〉与〈/head〉标签

1．〈head〉和〈/head〉标签的作用

〈head〉…〈/head〉是 HTML 网页程序的头部开始标签和头部结束标签。这部分语句的作用主要用于设置网页标题栏的提示、被大型网站搜索的关键字、页面格式、备注等内容。

2．〈head〉和〈/head〉标签的语句格式

在〈head〉…〈/head〉标签中，可以出现〈title〉和〈meta〉标签，它们的语句格式是：

〈head〉

　　〈title〉网页页面的标题〈/title〉

　　〈meta〉…〈/meta〉

〈/head〉

（1）〈title〉标签是设置网页页面标题栏提示的标签，设置的内容显示在网页页面的标题栏位置。

（2）〈meta〉标签是用来设置网页语言字符集的信息、网页程序编程人员信息、文档的期限信息等内容。在〈meta〉标签主要有 name 和 http-equiv 两个属性。

1）name 属性。

〈meta name＝"Generator" content＝"网页的生成工具"〉说明网页的生成工具等。

〈meta name＝"KeyWords" content＝"网页的关键词"〉说明网页的关键词。

〈meta name＝"Description" content＝"网站的主要内容"〉说明网站的主要内容。

〈meta name＝"Author" content＝"程序员的姓名"〉说明网站站点的编程人员。

2）http-equiv 属性。

例如，用于说明网页采用 GB2312 汉字字符集的语句如下：

〈meta http-equiv＝"Content-Type" content＝"text/html";charset＝"GB2312"〉

用〈meta http-equiv＝"Refresh" content＝"n;url＝http://网址"〉语句，可以让网页在指定的 n 秒跳转到指定的网页页面。例如，5 秒后自动切换到 www.sina.com 的语句如下：

〈meta http-equiv＝"Refresh" content＝"5"; url＝"http://www.sina.com"〉

用〈meta http-equiv＝"Expires" content＝"到期日期和时间"〉语句，可以设定网页的到期时间，一旦过期则必须到服务器上重新调用，必须使用 GMT 时间格式。例如，2010 年 5 月 1 日星期六 0：0：0 网页到期的语句如下：

〈meta http-equiv＝"Expires" content＝"Saturday, 1,May, 2010 00:00:00 GMT"〉

4.3.3　〈body〉与〈/body〉标签

1．〈body〉…〈/body〉标签的作用

〈body〉…〈/body〉是网页页面的开始标签和结束标签。在网页程序中，网页页面标签设

计的内容出现在网页页面，包括背景图片、背景颜色、标题文字、页面文字、超级链接、图片、音乐、动画、表格、表单元素等。所以，根据需要设计网页页面的背景标签、标题标签、页面文字标签、超级链接标签、图片标签、表格标签、表单标签等。

2.〈body〉…〈/body〉标签的语句格式

利用背景标签可以设置网页背景的属性，如背景颜色、背景图片等，语句如下：

〈body [bgcolor＝#|text＝#|link＝#|Alink＝#|Vlink＝#|background＝图片文件名]〉

    网页页面的其他标签

〈/body〉

其中，bgcolor 设置网页页面的背景颜色；text 设置网页页面中文字颜色；link 设置网页页面中等待链接的超级链接对象的颜色；Alink 设置网页页面中链接超链接对象的颜色；Vlink 设置网页页面中已经链接的超级链接对象的颜色；background 设置网页页面的背景图片文件名。

所有颜色的属性可以用英文单词，如"white"、"red"、"blue"等表示，也可以用 16 进制数表示，最简单的办法是利用可视化的调色板进行设置。采用可视化的方法，设置颜色属性，可以从屏幕的调色板中选择需要设置的颜色，计算机自动把所选择的颜色数值填写到标签语句。

【例 4—2】　设计文件名是 n-4-2.php 的网页程序文件，分别设计如下要求的网页程序。

（1）设置网页的背景颜色为绿色。

（2）设置网页页面出现"n-4-2.jpg"图片文件。

利用 Dreamweaver 软件建立网页，设置网页的背景颜色成为绿色的核心语句如下：

〈body　bgcolor＝green〉　网页页面的其他标签　〈/body〉

利用 Dreamweaver 软件建立网页，在网页页面出现"n-4-2.jpg"图片的核心语句如下：

〈body　background＝n-4-2.jpg〉　网页页面的其他标签〈/body〉

4.3.4　注释标签

1. 注释标签的作用

注释标签起到帮助编程人员阅读程序、记忆程序语句职能的作用。在网页程序中加入注释标签，可以增强网页程序的可读性。

2. 注释标签的语句格式

注释标签的语句格式：

〈!-- 　注释的内容　 --〉

例如，在例 4—1 的程序中第 1～2 条语句就是注释标签的语句。

3.〈? php…?〉块中注释标签的语句格式

在〈? php…?〉块中有以下两种方法作为注释标签的语句。

（1）/ * 注释的内容　 * /　：注释的内容可以输入多行。

（2）//注释的内容　　　　：注释的内容只能输入一行。

4.4　段落、换行、空格、修饰线、文字修饰标签

4.4.1　段落、换行和空格标签

1. 段落标签的作用

〈p〉…〈/p〉是段落标签。由于网页页面会出现文字，所以在输入文字时，编程人员不必关心段落中行的字符个数，只需要一段文字按一次"Enter"键。段落标签就是起到分段换行的作用。段落标签的语句格式：

〈P〉　段落文字〈/P〉

2. 换行标签的作用

〈br〉是换行标签。换行标签表示文字另起一行，换行标签不需要结束标签。换行标签的语句格式：

〈br〉

例如，如果要在网页页面中出现 2 个换行，可以这样表示：

〈br〉〈br〉

3. 空格标签的作用

〈 〉是空格标签。空格标签表示文字前加 1 个空格符号。空格标签的语句格式：

例如，在网页页面中出现 2 个空格，然后出现"欢迎访问本站"的提示，可以这样表示：

  欢迎访问本站

4.4.2　修饰线标签

1. 修饰线标签的作用

为了使网页页面美观、增加页面的层次感效果，可以利用〈hr〉标签在网页页面上加入一条水平修饰线。

2. 修饰线标签的语句格式

〈hr　[color = #｜size = #｜width = #｜align = #｜noshade]〉

color：设置修饰线的颜色。

size：设置修饰线的粗细。

width：设置修饰线的长短。

align：设置修饰线的对齐方式，可以是 left（左对齐）、center（居中）、right（右对齐）。

noshade：设置修饰线是否有阴影效果。

【例 4—3】　设计文件名是"n-4-3. php"的网页程序文件。在网页页面显示"修饰线效果"的标题，在这个标题的下方出现不同长短的红色、黄色、蓝色修饰线。

利用 Dreamweaver 软件建立网页的操作过程如下所述：

（1）在如图 4—8 所示的窗口，输入"修饰线效果："标题文字提示。

（2）选择菜单栏的"插入记录→HTML→水平线"选项，可以插入水平线，在属性窗口设置水平线的属性。如果要设置修饰线的颜色，需要在"代码视图"找到〈hr〉语句，设置修饰线的颜色。

例4—3设计的网页程序文件的浏览结果如图4—9所示。

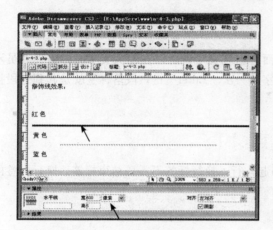

图4—8　设置修饰线的属性　　　图4—9　例4—3网页程序的浏览结果

例4—3网页程序的语句如下：

(1)　〈html xmlns = "http://www.w3.org/1999/xhtml"〉

(2)　〈head〉

(3)　〈meta http-equiv = "Content-Type" content = "text/html; charset = utf-8" /〉

(4)　〈title〉n-4-3.php〈/title〉

(5)　〈/head〉

(6)　〈body〉

(7)　〈p〉修饰线效果：〈/p〉

(8)　〈p〉 〈/p〉

(9)　〈p〉红色〈hr color = "red" align = "left" width = "600" size = "5"/〉〈/p〉

(10)　〈p〉黄色〈hr color = "yellow" width = "400" size = "3"/〉〈/p〉

(11)　〈p〉蓝色〈hr color = "blue" align = "right" width = "200" size = "1"　noshade = "noshade"/〉〈/p〉

(12)　〈/body〉

(13)　〈/html〉

程序说明：例4—3网页程序练习段落、空格和修饰线标签的使用方法。第（8）条语句是段落和空格标签语句，第（9）～（11）条语句是修饰线标签语句。

4.4.3　文字修饰标签

1. 文字修饰标签的作用

利用文字修饰标签可以在网页页面上设计出斜体、粗体和加下划线的文字显示效果，也可以设置文字的字号、颜色。

2. 文字修饰标签的语句格式

（1）〈i〉文字〈/i〉。设置指定的文字是斜体字。

（2）〈u〉文字〈/u〉。设置指定的文字是下划线字。

（3）〈b〉文字〈/b〉。设置指定的文字是黑体字。

（4）〈font〉和〈/ font 〉。设置文字的大小、颜色。

〈 font　size = n　color = ♯　align = ♯〉　　文字〈/ font 〉

n：表示字号，数字越大字号越大。

color：设置文字的颜色。

align：设置文字的对齐方式，left（文字左对齐）、right（文字右对齐）、center（文字居中）。

【例 4—4】　设计文件名是"n-4-4. php"的网页程序文件。在网页页面显示"文字修饰效果"的标题，在这个标题的下方出现斜体、下划线、粗体、大号字修饰效果。

利用 Dreamweaver 软件建立网页的操作过程如下所述：

（1）在如图 4—10 所示的窗口，输入网页页面的文字。

（2）选择文字后，在属性窗口设置文字的属性。

例 4—4 设计的网页程序文件的浏览结果如图 4—11 所示。

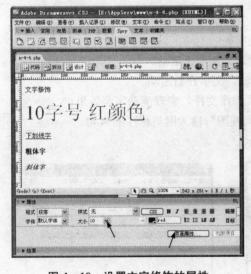

图 4—10　设置文字修饰的属性

图 4—11　例 4—4 网页程序的浏览结果

例 4—4 网页程序的语句如下：

（1）〈html xmlns = "http://www.w3.org/1999/xhtml"〉

（2）〈head〉

（3）〈meta http-equiv = "Content-Type" content = "text/html; charset = utf-8" /〉

（4）〈title〉n-4-4. php〈/title〉

（5）〈/head〉

（6）〈body〉

（7）〈p〉文字修饰〈/p〉

（8）〈p 〉〈font size = 10 color = red 〉10 字号 红颜色〈/font〉〈/p〉

（9）〈u〉下划线字〈/u〉

（10）〈p〉〈b〉粗体字〈/b〉〈/p〉

（11）〈p〉〈i〉斜体字〈/i〉〈/p〉

（12）〈/body〉

(13) ⟨/html⟩

程序说明：例4—4网页程序练习文字修饰标签的使用方法，请仔细分析第（8）～(11)条语句的含义。

4.4.4 滚动字幕标签

1. 滚动字幕标签的作用

为了美化网页页面，利用⟨marquee⟩…⟨/marquee⟩滚动字幕标签能够在网页页面上设计出滚动字幕的效果。

2. 滚动字幕标签的语句格式

⟨marquee direction=♯ behavior=♯ loop=♯ bgcolor=♯ ⟩滚动字幕⟨/marquee⟩

direction=♯：设置字幕向left（左侧）、right（右侧）、up（向上）、down（向下）滚动。

behavior=♯：设置字幕scroll（转圈）、slide（单次）、alternate（往返）滚动。

loop=n：n设置滚动的次数。

bgcolor=♯：设置背景颜色。

height=♯ width=♯ bgcolor=♯ ：设置滚动字幕的滚动区域和背景颜色。

onmouseover=stop ()：当鼠标在滚动字幕上时，文字停止滚动。

onmouseout=start ()：当鼠标不在滚动字幕上时，文字开始滚动。

【例4—5】 设计文件名是"n-4-5.php"的网页程序文件，实现滚动字幕效果。

如图4—12所示，在Dreamweaver软件的"代码视图"输入网页程序的语句。

设计的网页程序文件的浏览结果如图4—13所示。

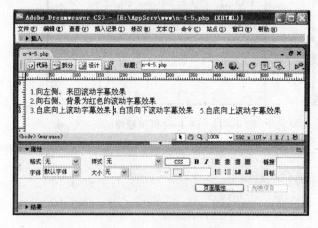

图4—12 设置滚动字幕

图4—13 例4—5网页程序的浏览结果

例4—5网页程序的语句如下：

(1) ⟨html xmlns="http://www.w3.org/1999/xhtml"⟩

(2) ⟨head⟩

(3) ⟨meta http-equiv="Content-Type" content="text/html; charset=utf-8" /⟩

(4) ⟨title⟩n-4-5.php⟨/title⟩

(5) ⟨/head⟩

(6) ⟨body⟩

(7) 〈marquee direction = "left" behavior = "alternate"〉1. 向左侧、来回滚动字幕效果〈/mar-
  quee〉〈br〉

(8) 〈marquee direction = "right" bgcolor = "red"〉2. 向右侧、背景为红色的滚动字幕效果〈/mar-
  quee〉〈br〉

(9) 〈marquee direction = "up"〉3. 自底向上滚动字幕效果〈/marquee〉

(10) 〈marquee direction = "down"〉4. 自顶向下滚动字幕效果〈/marquee〉

(11) 〈marquee onmouseover = stop( )onmouseout = start( )

(12)   direction = up width = 200 height = 900〉5. 自底向上滚动字幕效果〈/marque〉

(13) 〈/body〉

(14) 〈/html〉

程序说明：例 4—5 网页程序练习设置滚动字幕的效果，请仔细分析第（7）～（12）条语句的含义。

4.5　表格标签

4.5.1　表格标签

1. 表格标签的作用

利用〈table〉…〈/table〉表格标签可以在网页页面上显示表格。设计表格时要设计表格的标题、表格行、表格列、表格数据，因此与表格标签有关的是〈caption〉…〈/caption〉标题标签、〈tr〉…〈/tr〉表格行标签、〈th〉…〈/th〉表格列标签、〈td〉…〈/td〉表格数据标签，这些标签必须镶嵌在〈table〉…〈/table〉表格标签中。

2. 表格标签的语句格式

〈table　width = #　border = #　〉
　　〈caption〉表格标题〈/caption〉
　　〈tr〉　〈th〉列名称 1〈/th〉〈th〉列名称 2〈/th〉…〈th〉列名称 n〈/th〉〈/tr〉
　　〈tr〉　〈td〉列数据 1〈/td〉〈td〉列数据 2〈/td〉　…〈td〉列数据 n〈/td〉〈/tr〉
〈/table〉

（1）〈table　width = #　border = #〉…〈/table〉表格标签的参数。

width：设置表格的宽度。

border：设置表格线的粗细。

（2）〈caption〉…〈/caption〉表格标题标签语句格式。

〈caption　align = #　〉表格标题　〈/caption〉

align：设置成为"top"表示标题在表格的上方；设置成为"bottom"表示标题在表格的下方。默认方式是表格的标题在表格的上方居中位置。没有此标签表示表格没有标题。

（3）〈tr〉…〈/tr〉是表格行标签。

在表格行标签之间可以有表格列名标签和表格列数据标签。

（4）〈th〉…〈/th〉是表格列名标签。

一个表格有几列就要加入几个表格列名标签。

69

（5）〈td 〉…〈/td〉是表格列数据标签。

一个表格有几列就要加入几个表格列数据标签。

4.5.2 表格的应用

网页页面可以出现表格，利用 Dreamweaver 软件的设计视图建立表格比较方便，建立完毕后可以利用代码视图修改表格。

【例 4—6】 设计文件名是"n-4-6. php"的网页程序文件。建立 4 行 3 列的表格，表格的标题是"学生情况表"包括学号、姓名、邮箱。

利用 Dreamweaver 软件建立网页的操作过程如下所述：

（1）在如图 4—14 所示的窗口，选择菜单栏的"插入记录→表格"选项，出现如图 4—15 所示的窗口，设置表格的属性，输入表格的行数、列数、宽度、标题。在如图 4—15 所示的窗口，单击"确定"按钮，出现如图 4—16 所示的窗口。

（2）在如图 4—16 所示的窗口，将光标移到表格线，鼠标变成"⊪"，拖动鼠标后，可以缩放表格、行、列的宽度。

（3）在如图 4—16 所示的窗口，将光标移动到单元格，可以输入表格的数据。选择表格中的文字可以设置文字的颜色、属性等。

例 4—6 设计的网页程序文件的浏览结果如图 4—17 所示。

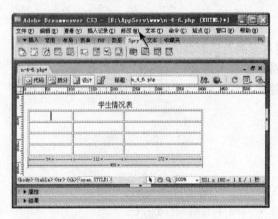

图 4—14 添加表格

图 4—15 设置表格的属性

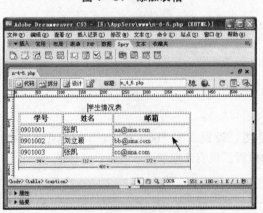

图 4—16 表格的数据

图 4—17 例 4—6 设计的网页程序文件的浏览结果

例 4—6 网页程序的语句如下：

(1) 〈html xmlns = "http://www.w3.org/1999/xhtml"〉

(2) 〈head〉

(3) 〈meta http-equiv = "Content-Type" content = "text/html; charset = utf-8" /〉

(4) 〈title〉n-4-6.php 〈/title〉

(5) 〈style type = "text/css"〉〈! -- .STYLE1 {color:＃0000FF} --〉〈/style〉

(6) 〈/head〉

(7) 〈body〉

(8) 〈table width = "400" border = "1"〉

(9) 〈caption〉 学生情况表 〈/caption〉

(10) 〈tr〉

(11) 〈th width = "94" scope = "col"〉〈span class = "STYLE1"〉学号〈/span〉〈/th〉

(12) 〈th width = "112" scope = "col"〉〈span class = "STYLE1"〉姓名〈/span〉〈/th〉

(13) 〈th width = "172" scope = "col"〉〈span class = "STYLE1"〉邮箱〈/span〉〈/th〉

(14) 〈/tr〉

(15) 〈tr〉〈td〉0901001〈/td〉〈td〉张凯〈/td〉〈td〉aa@sina.com〈/td〉〈/tr〉

(16) 〈tr〉〈td〉0901002〈/td〉〈td〉刘立颖〈/td〉〈td〉bb@sina.com〈/td〉〈/tr〉

(17) 〈tr〉〈td〉0901003〈/td〉〈td〉张凯〈/td〉〈td〉cc@sina.com〈/td〉〈/tr〉

(18) 〈/table〉

(19) 〈/body〉

(20) 〈/html〉

程序说明： 例 4—6 网页程序练习设计表格的技巧，请仔细分析第（8）～（18）条语句的含义。在例 4—6 的程序中，由于表格有 4 行，所以有 4 个〈tr〉标签。第（10）～（14）条是标题，第（15）～（17）条是 3 行数据行。由于表格从第 1 行有 3 列名称，所以有 3 个〈th〉标签。由于表格从第 2 行开始有 3 行数据，所以每行有 3 个〈td〉标签。

4.6 超级链接标签

4.6.1 超级链接标签

1. 超级链接标签的作用

超级链接主要用于网页页面的切换。超级链接可以链接到一个网站的主页，可以链接到本网站的网页、音频文件、视频文件，也可以链接到电子邮箱。

2. 超级链接标签的语句格式

〈a href = "文件名称"〉标题提示 〈/a〉

4.6.2 超级链接标签的应用

【例 4—7】 设计文件名是"n-4-7.php"的网页程序文件。建立如下超级链接：

（1）链接到新浪网站（http://www.sina.com）、百度网站（http://www.baidu.com）。

（2）链接到新浪的邮箱（myemail@sina.com）。

（3）链接到声音文件（我和你.mp3）。

（4）链接到图片文件（鸟巢.jpg、水立方.jpg）。

利用 Dreamweaver 软件建立网页的操作过程如下所述：

（1）在如图 4—18 所示的窗口，输入文字提示。

（2）设置超级链接。

1）将光标移动到"新浪"位置，选择菜单栏的"插入记录→超级链接"选项，出现如图
4—19 所示的窗口，在"链接"位置输入"http://www.sina.com"，表示链接到这个网站的主页。

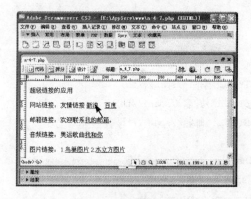

图 4—18　超级链接页面

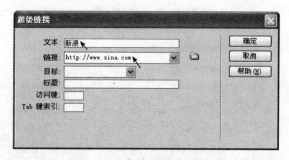

图 4—19　超级链接—网站链接

2）将光标移动到"百度"位置，选择菜单栏的"插入记录→超级链接"选项，出现如图
4—19 所示的窗口，在"链接"位置输入"http://www.baidu.com"，表示链接到这个网站的主页。

3）将光标移动到"我的邮箱"位置，选择菜单栏的"插入记录→电子邮件链接"选项，出
现如图 4—20 所示的窗口，在"链接"位置输入"myemail@sina.com"，表示链接到这个邮箱。

4）将光标移动到"我和你"位置，选择菜单栏的"插入记录→超级链接"选项，出现如
图 4—19 所示的窗口，在"链接"位置输入"我和你.mp3"，表示链接到这个文件。

5）将光标移动到"1.鸟巢图片"位置，选择菜单栏的"插入记录→超级链接"选项，出
现如图 4—19 所示的窗口，在"链接"位置输入"鸟巢.jpg"，表示链接到这个文件。

6）将光标移动到"2.水立方图片"位置，选择菜单栏的"插入记录→超级链接"选项，
出现如图 4—19 所示的窗口，在"链接"位置输入"水立方.jpg"，表示链接到这个文件。

例 4—7 设计的网页程序文件的浏览结果如图 4—21 所示。

图 4—20　超级链接—邮箱链接

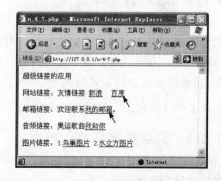

图 4—21　例 4—7 设计的网页程序文件的浏览结果

例 4—7 网页程序的语句如下：

(1)　〈html xmlns = "http://www.w3.org/1999/xhtml"〉

(2)　〈head〉

(3)　〈meta http-equiv = "Content-Type" content = "text/html; charset = utf-8" /〉

(4)　〈title〉n-4-7.php〈/title〉

(5)　〈/head〉

(6)　〈body〉

(7)　〈p〉超级链接的应用〈/p〉

(8)　〈p〉网站链接 〈a href = "http://www.sina.com"〉新浪 〈/a〉

(9)　　 〈a href = "www.baidu.com"〉百度〈/a〉〈/p〉

(10)　〈p〉邮箱链接：欢迎联系〈a href = "mailto:myemai@sina.com"〉我的邮箱〈/a〉〈/p〉

(11)　〈p〉音频链接：奥运歌曲〈a href = "我和你.mp3"〉我和你〈/a〉〈/p〉

(12)　〈p〉图片链接：1.〈a href = "鸟巢图片.jpg"〉鸟巢图片〈/a〉

(13)　　　　　　　2.〈a href = "水立方图片.jpg"〉水立方图片〈/a〉〈/p〉

(14)　〈/body〉

(15)　〈/html〉

程序说明：例 4—7 网页程序练习设计超级链接的技巧，请仔细分析第（7）～（13）条语句的含义。

4.6.3　图片标签

1.　图片标签的作用

利用〈img〉…〈/img〉图片标签可以在网页的页面设计出现图片。

2.　图片标签的语句格式

〈img src = #　align = #　alt = #　border = #　height = #　width = #　loop = # 〉

src：设置出现在网页页面的图片文件的 URL 地址。

align：设置图片的位置是 top（顶）、middle（中间）、bottom（底）、left（左侧）、right（右侧）。

alt：设置图片的说明文字。

border：设置图片的边框，默认设置是"0"表示无边框。

height：设置图片的高度。

width：设置图片的宽度。

【例 4—8】　设计文件名是"n-4-8.html"的网页程序文件，网页上显示"n-4-8.jpg"图片。利用 Dreamweaver 软件建立网页的操作过程如下所述：

（1）在如图 4—22 所示的窗口，输入文字提示"图片标签风力发电"。

（2）在如图 4—22 所示的窗口，选择菜单栏的"插入记录→图像"选项，确认插入图片的文件名"n-4-8.jpg"。

（3）设置图片的属性。

例 4—8 设计的网页程序文件的浏览结果如图 4—23 所示。例 4—8 网页程序的语句如下：

(1)　〈html xmlns = "http://www.w3.org/1999/xhtml"〉

(2)　〈head〉

(3) 〈meta http-equiv = "Content-Type" content = "text/html; charset = utf-8" /〉

(4) 〈title〉n-4-8. html〈/title〉

(5) 〈/head〉

(6) 〈body〉

(7) 〈p〉图片标签 风力发电〈/p〉

(8) 〈p〉〈img src = "n-4-8. jpg" width = "220" height = "230" /〉〈/p〉

(9) 〈/body〉

(10) 〈/html〉

程序说明：例 4—8 网页程序练习设计图片的技巧，请仔细分析第（8）条语句的含义。

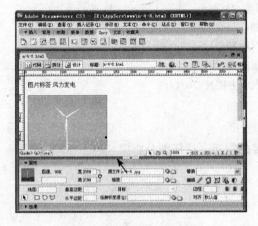

图 4—22　设置网页的图片

图 4—23　例 4—8 设计的网页程序文件的浏览结果

4.7　表单标签

4.7.1　表单概述

1. 表单的应用案例

在互联网的应用中，有很多工作涉及客户端与网站交互加工数据的问题。例如，在网站申请电子邮箱、网上注册、资料浏览等操作，都涉及浏览者输入的数据保存到网站的问题，解决这个问题只能应用表单技术。

如图 4—24 所示，以注册网站成为网站的会员为例，浏览者需要做以下工作：

（1）浏览者需要在输入数据的注册网页页面，利用表单技术输入浏览者的用户名称、密码、电子邮箱等个人资料，输入完毕后，单击"我要注册"按钮，输入的数据通过计算机网络传递到网站做数据加工。

（2）网站接收到来自客户端的注册页面数据后，对数据格式进行检测和存储。检测时对于浏览者输入的不符合格式要求的数据，需要提示浏览者修改。如果数据格式符合要求，那么需要检测输入的用户名称是否已经存在；如果输入的用户名称已经存在，应当提示浏览者不能重复注册；如果输入的数据不存在，应当将输入的数据保存到网站的会员数据库，并提示浏览者"成功注册"。

通过上述案例可以看到，需要做接收数据和加工数据两项工作，才能完成数据处理的操作。

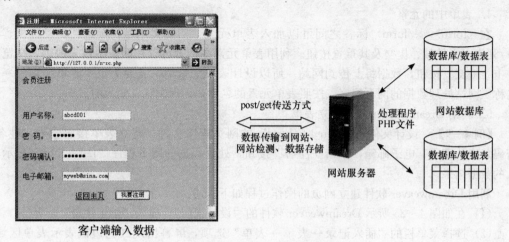

图4—24 表单应用示意图

2. 表单的作用

在网页程序设计中，表单是接收数据的网页技术，表单中包含具有接收数据职能的表单元素，如文本域、单选按钮、复选框、列表/菜单、文件域、文本区域、提交/重置按钮等。浏览者利用这些表单元素输入数据，并将这些数据传送到网站，保存到网站服务器的数据库中。

表单网页的工作原理是：利用表单元素接收数据，将数据上传到网站，交给处理数据的网页程序加工数据，这样可以把浏览者输入的数据保存到网站。编程人员设计表单重点应考虑以下问题：

(1) 确定表单元素在网页页面的布局。由于表单元素可以是文本域、单选按钮、复选框、列表/菜单、文件域、文本区域、提交/重置按钮等元素，所以应当根据应用的需要，设计表单元素以及表单元素在网页页面的位置，尽量符合浏览者的操作习惯。

(2) 表单上输入的数据要传送到网站，数据上传技术有 post 和 get 两种方式，因此设计网页程序时，建议采用默认的 post 方式上传数据。

(3) 确定网站服务器处理数据的网页程序文件名称。

3. 表单标签的命令格式

⟨form name="表单名称" method="post|get" action="处理数据的网页程序文件名称"⟩
    ......

⟨/form⟩

name：设定表单的名称。一个网页程序中可以有多个表单，每个表单需要设定一个名称。

method：设置数据的传送方式，包括 get 和 post 两种方式，它们各自的特点如下所述：

(1) get 方式：如果传送的数据少，并且不考虑数据的安全性，可以设置 method="get"，采用这种传送方式时，浏览者在浏览器的地址栏可以看到被传送的数据内容。

(2) post 方式：如果传送的数据作为一个独立的数据块直接发送给网站服务器，那么数据长度不受限制，可以设置成为 method="post"。采用这种传送方式时，浏览者在浏览器的地址栏看不到被传送的数据内容，所以传送的数据保密性好。

action：设置表单提交数据后，网站接收和处理数据的网页程序文件名称。

4．表单中的元素

在〈form〉…〈/form〉标签之间可以加入表单元素，例如文本域、单选钮、复选框、菜单/列表、文件域、提交及其重置按钮。利用表单元素浏览者可以在网页中输入数据，浏览者单击"提交"按钮，数据将上传到网站。所以设计表单元素时，需要为每个表单元素起一个名称。网站处理数据的网页程序，按照表单元素的名称，处理浏览者输入的数据。

5．利用 Dreamweaver 软件建立表单

【例 4—9】 设计文件名是"n-4-9. html"的网页程序文件，建立表单接收学号、姓名、密码、确认密码、电子邮箱，单击"注册"按钮，处理数据的网页程序"n-4-9. php"显示输入的数据结果。

利用 Dreamweaver 软件建立网页的操作过程如下所述：

（1）在如图 4—25 所示 Dreamweaver 软件的"设计视图"，输入"学生注册"标题。

（2）选择菜单栏的"插入记录→表单→表单"选项，屏幕出现红色边框表示表单区域。设置表单的属性，在"动作"位置输入"n-4-9. php"，表示数据处理网页程序文件名。"方法"位置设置"post"，表示数据以"post"方式传送。

（3）在表单区域输入学号、姓名、密码、确认密码、电子邮箱文字标题。

（4）将文件保存为"n-4-9. html"网页文件。

图 4—25　设计表单及其属性

例 4—9 网页程序的语句如下：

(1)　〈html xmlns = "http://www. w3. org/1999/xhtml"〉

(2)　〈head〉

(3)　〈meta http-equiv = "Content-Type" content = "text/html; charset = utf-8" /〉

(4)　〈title〉n_4_9. html〈/title〉

(5)　〈/head〉

(6)　〈body〉

(7)　〈div align = "center"〉学生注册〈/div〉

(8)　〈form id = "form1" name = "form1" method = "post" action = "n_4_9.php"〉

(9)　〈p〉学号:〈/p〉

(10)　〈p〉姓名:〈/p〉

(11)　〈p〉密码:〈/p〉

(12)　〈p〉确认密码:〈/p〉

(13)　〈p〉电子邮箱:〈/p〉

(14)　〈/form〉

(15)　〈p〉 〈/p〉

(16)　〈/body〉

(17)　〈/html〉

程序说明: 例 4—9 网页程序练习建立表单的方法,其核心语句是第 (8) 条语句。

4.7.2　文本域

1. 文本域的作用

表单的文本域是用来接收或显示数据的表单元素。文本域分为普通文本域、密码文本域、隐藏文本域。

2. 文本域的语句格式

〈input　type = "text"　name = "文本域名称"　value = "文本域初值" size = ♯　maxlength = ♯〉

type:设置文本域的类型,"text"表示输入的内容是普通文本域;"password"表示输入的内容是隐蔽字符,内容不显示给浏览者,是密码文本域;"hidden"表示是隐藏文本域,浏览者看不到其存在,利用隐藏文本域可以让网页传输数据。

name:设置文本域的名称,表单中可以出现多个文本域,文本域的名称不得重名,文本域的名称是处理数据的 PHP 网页程序的引用对象。

value:设置文本域的初值,这个值将保存到网站的数据库中。

size:设置文本域的大小,用像素点数表示。

maxlength:设置文本域最多输入的字符数。

例如,设置名称为 "std_id" 的普通文本域,初始值是 "09",最多接收 7 个符号。

〈input　type = "text"　name = " std_id "　value = "09" size = 20　maxlength = 7〉

例如,设置名称为 "std_pwd" 的密码文本域,最多接收 6 个符号。

〈input　type = "password"　name = "std_pwd"　size = 20　maxlength = 6〉

例如,设置名称为 "hide_data" 的隐藏文本域,值为 "index.php"。

〈input　type = "hide"　name = " hide_data "　value = " index.php"〉

3. 利用 Dreamweaver 软件建立表单的文本域

【例 4—10】　设计文件名是 "n-4-10.html" 的网页程序文件,建立表单的文本域接收学号、姓名、密码、确认密码、电子邮箱,单击 "提交" 按钮,处理数据的网页程序 "n-4-10.php" 显示输入的数据结果。

利用 Dreamweaver 软件建立网页的操作过程如下所述:

(1) 打开 "n-4-9.html" 网页程序,将其另存为 "n-4-10.html" 网页程序。

(2) 如图 4—26 所示,在 Dreamweaver 软件的 "设计视图" 中,将光标移动到 "学号:" 后,选择菜单栏的 "插入记录→表单→文本域" 选项,屏幕出现文本域。

设置文本域的属性，在"文本域"位置输入"std_id"，表示该文本域的名称，即学号。在"字符宽度"位置，设置"20"，表示学号文本域的大小。在"最多字符数"位置，设置"7"，表示学号最多7位。在"类型"位置选择"单行"，这个操作的语句表示为：

〈input name = " std_id " type = "text" size = "20" maxlength = "7" /〉

（3）在 Dreamweaver 软件的"设计视图"中，将光标移动到"姓名："后，选择菜单栏的"插入记录→表单→文本域"选项，屏幕出现文本域。

设置文本域的属性，在"文本域"位置输入"std_name"，表示该文本域的名称，即姓名。在"字符宽度"位置，设置"20"，表示姓名文本域的大小。在"最多字符数"位置，设置"8"，表示姓名最多8位。在"类型"位置选择"单行"，这个操作的语句表示为：

〈input name = "std_name" type = "text" size = "20" maxlength = "8" /〉

（4）如图 4—27 所示，在 Dreamweaver 软件的"设计视图"中，将光标移动到"密码："后，选择菜单栏的"插入记录→表单→文本域"选项，屏幕出现文本域。

设置文本域的属性，在"文本域"位置输入"std_pwd1"，表示该文本域的名称，即密码。在"字符宽度"位置，设置"10"，表示密码文本域的大小。在"最多字符数"位置，设置"6"，表示密码最多6位。在类型位置选择"密码"，表示是密码文本域。这个操作的语句表示为：

〈input name = "std_pwd1" type = "password" size = "10" maxlength = "6" /〉

图 4—26　设计文本域及其属性　　　　　图 4—27　设计密码域及其属性

（5）在 Dreamweaver 软件的"设计视图"中，将光标移动到"确认密码："后，选择菜单栏的"插入记录→表单→文本域"选项，屏幕出现文本域。

设置文本域的属性，在"文本域"位置输入"std_pwd2"，表示该文本域的名称，即确认密码。在"字符宽度"位置，设置"10"，表示确认密码文本域的大小。在"最多字符数"位置，设置"6"，表示确认密码最多6位。在类型位置选择"密码"，表示是密码文本域。这个操作的语句表示为：

〈input name = "std_pwd2" type = "password" size = "10" maxlength = "6" /〉

（6）在 Dreamweaver 软件的"设计视图"中，将光标移动到"电子邮箱："后，选择菜单栏的"插入记录→表单→文本域"选项，屏幕出现文本域。

设置文本域的属性，在"文本域"位置输入"std_mail"，表示该文本域的名称，即电子邮箱。在"字符宽度"位置，设置"20"，表示电子邮箱文本域的大小。在"类型"位置选择"单行"，这个操作的语句表示为：

〈input name = "std_mail" type = "text" size = "20" /〉

（7）在 Dreamweaver 软件的"设计视图"中，选择菜单栏的"插入记录→表单→按钮"选项，屏幕出现"提交"按钮。

设置按钮的属性，采用默认方式。这个操作的语句表示为：

〈input type = "submit" name = "button" id = "button" value = "提交" /〉

例 4—10 设计的网页程序文件的浏览结果如图 4—28 所示。

图 4—28 例 4—10 设计的网页程序文件的浏览结果

例 4—10 网页程序的语句如下：

(1) 〈html xmlns = "http://www.w3.org/1999/xhtml"〉

(2) 〈head〉

(3) 〈meta http-equiv = "Content-Type" content = "text/html; charset = utf-8" /〉

(4) 〈title〉n-4-10.htm〈/title〉

(5) 〈/head〉

(6) 〈body〉

(7) 〈div align = "center"〉学生注册〈/div〉

(8) 〈form id = "form1" name = "form1" method = "post" action = "n-4-10.php"〉

(9) 〈p〉学号：〈input name = "std_id" type = "text" size = "20" maxlength = "7"/〉〈/p〉

(10) 〈p〉姓名：〈input name = "std_name" type = "text" size = "20" maxlength = "8"/〉〈/p〉

(11) 〈p〉密码：〈input name = "std_pwd1" type = "password" size = "10" maxlength = "6"/〉〈/p〉

(12) 〈p〉确认密码：〈input name = "std_pwd2" type = "password" size = "10" maxlength = "6"/〉〈/p〉

(13) 〈p〉电子邮箱：〈input name = "std_mail" type = "text" size = "20" /〉〈/p〉

(14) 〈p〉〈input type = "submit" name = "button" value = "提交"/〉〈/p〉

(15) 〈/form〉

(16) 〈p〉 〈/p〉

(17) 〈/body〉

(18) 〈/html〉

程序说明： 例4—10网页程序练习表单文本域元素的设计方法，其核心语句是第（9）～（13）条。浏览者在如图4—28所示的提示框中输入数据，单击"提交"按钮后，网页程序切换到 n-4-10. php 网页程序。

4. 利用 Dreamweaver 软件建立显示文本域数据的网页程序

【例4—11】 设计文件名是"n-4-10. php"的网页程序文件，显示表单的文本域接收的学号、姓名、密码、确认密码、电子邮箱的数据。

在 Dreamweaver 软件的"代码视图"输入下列程序语句：

```
(1)  〈html xmlns = "http://www. w3. org/1999/xhtml"〉
(2)  〈html xmlns = "http://www. w3. org/1999/xhtml"〉
(3)  〈head〉
(4)  〈meta http-equiv = "Content-Type" content = "text/html; charset = utf-8" /〉
(5)  〈title〉n-4-10. php〈/title〉
(6)  〈/head〉
(7)  〈body〉
(8)  接收的数据
(9)  〈hr〉
(10) 〈?php
(11)   print "学号:". $_POST["std_id"]. "〈br〉" ;
(12)   print "姓名:". $_POST["std_name"]. "〈br〉";
(13)   print "密码:". $_POST["std_pwd1"]. "〈br〉";
(14)   print "确认密码:". $_POST["std_pwd2"]. "〈br〉";
(15)   print "电子邮箱:". $_POST["std_mail"]. "〈br〉";
(16) ?〉
(17) 〈/body〉
(18) 〈/html〉
```

程序说明： 由于 n-4-10. html 网页程序的表单的 std_id 文本域，浏览者输入的数据以"post"方式传送给 n-4-10. php 网页程序，所以在 n-4-10. php 网页程序处理时，必须用 $_POST["std_id"]表示，其他数据照此办理。第（11）～（15）条语句显示图4—28输入的内容。print 语句是打印显示语句，"."表示两个字符串连接操作，〈br〉是换行语句。

在如图4—28所示的窗口，输入有关信息单击"提交"按钮，出现如图4—29所示的窗口，显示输入的数据。

图4—29　例4—11设计的网页程序文件的浏览结果

4.7.3　单选按钮

1. 单选按钮的作用

网页中单选按钮是在一组的多个选项中，从中选择一个选项的操作，例如性别可以有男、女两个选项。表单区域中可以设计多组选项，例如可以设计性别和用户类别两组，每组选项设计多个。

2. 单选按钮的命令格式

〈input　type = "radio"　name = "单选按钮名称"　value = "单选按钮初值"　checked〉

type：设置成为"radio"表示该元素是单选按钮。

name：设置单选按钮的名称，表单中的不同组单选按钮名称不得重名，例如，性别和用户类别两组按钮的名字不得重复。同一组的不同值的单选按钮名称必须相同，例如，性别这项可以有"男"、"女"两个选择按钮它们的名字必须相同。单选按钮名称作为 PHP 网页处理程序的引用对象。

value：设置单选按钮的值。

checked：设置 checked 表示该单选按钮被选中。

3. 利用 Dreamweaver 软件建立表单的单选按钮

【例 4—12】　设计文件名是"n-4-11. html"的网页程序文件，建立表单的文本域接收学号、单选按钮选择性别（男、女）、单选按钮选择用户类别（教师、学生、管理员），单击"提交"按钮，处理数据的网页程序"n-4-11. php"显示输入的数据结果。

利用 Dreamweaver 软件建立网页的操作过程如下所述：

（1）建立"n-4-11. html"网页程序文件，设计表单及其属性。

（2）如图 4—30 所示，在 Dreamweaver 软件的"设计视图"中，将光标移动到"学号："后，选择菜单栏的"插入记录→表单→文本域"选项，屏幕出现文本域，设置文本域的属性。这个操作的语句表示为：

〈input name = "std_id"　type = "text"　size = "20"　maxlength = "7" /〉

（3）在 Dreamweaver 软件的"设计视图"中，将光标移动到"性别："后，选择菜单栏的"插入记录→表单→单选按钮"选项，屏幕出现单选按钮，在单选按钮的后边输入"男"。

设置单选按钮的属性，在"单选按钮"位置输入"std_gender"，表示该单选按钮的名称，即性别。在"选定值"位置，设置"男"，表示勾选后的结果为"男"。这个操作的语句表示为：

〈input type = "radio" name = "std_gender "　value = "男" /〉男

（4）在 Dreamweaver 软件的"设计视图"中，选择菜单栏的"插入记录→表单→单选按钮"选项，屏幕出现单选按钮，在单选按钮的后边输入"女"。

设置单选按钮的属性，在"单选按钮"位置输入"std_gender"，表示该单选按钮的名称，即性别。在"选定值"位置，设置"女"，表示勾选后的结果为"女"。这个操作的语句表示为：

〈input type = "radio" name = " std_gender "　value = "女" /〉女

（5）在 Dreamweaver 软件的"设计视图"中，将光标移动到"类别："后，选择菜单栏的"插入记录→表单→单选按钮"选项，屏幕出现单选按钮，在单选按钮的后边输入"教师"。

设置单选按钮的属性，在"单选按钮"位置输入"std_type"，表示该单选按钮的名称，即用户类型。在"选定值"位置，设置"教师"，表示勾选后的结果为"教师"。这个操作的语句表示为：

〈input type = "radio" name = " std_type "　value = "教师" /〉教师

（6）在 Dreamweaver 软件的"设计视图"中，将光标移动到"类别:"后，选择菜单栏的"插入记录→表单→单选按钮"选项，屏幕出现单选按钮，在单选按钮的后边输入"学生"。

设置单选按钮的属性，在"单选按钮"位置输入"std_type"，表示该单选按钮的名称，即用户类型。在"选定值"位置，设置"学生"，表示勾选后的结果为"学生"。这个操作的语句表示为：

〈input type = "radio" name = " std_type "　value = "学生" /〉学生

（7）在 Dreamweaver 软件的"设计视图"中，将光标移动到"类别:"后，选择菜单栏的"插入记录→表单→单选按钮"选项，屏幕出现单选按钮，在单选按钮的后边输入"管理员"。

设置单选按钮的属性，在"单选按钮"位置输入"std_type"，表示该单选按钮的名称，即用户类型。在"选定值"位置，设置"管理员"，表示勾选后的结果为"管理员"。这个操作的语句表示为：

〈input type = "radio" name = " std_type "　value = "管理员" /〉管理员

（8）在 Dreamweaver 软件的"设计视图"中，选择菜单栏的"插入记录→表单→按钮"选项，屏幕出现"提交"按钮。这个操作的语句表示为：

〈input type = "submit" name = "button"　value = "提交" /〉

例 4—12 设计的网页程序文件的浏览结果如图 4—31 所示。

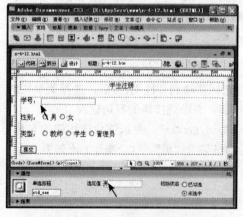

图 4—30　设计单选按钮及其属性

图 4—31　例 4—12 设计的网页程序文件的浏览结果

例 4—12 网页程序的语句如下：

(1)　〈html xmlns = "http://www.w3.org/1999/xhtml"〉
(2)　〈head〉
(3)　〈meta http-equiv = "Content-Type" content = "text/html; charset = utf-8" /〉
(4)　〈title〉n-4-12. htm〈/title〉
(5)　〈/head〉

(6) 〈body〉

(7) 〈div align = "center"〉学生注册〈/div〉

(8) 〈form id = "form1" name = "form1" method = "post" action = "n-4-12. php"〉

(9) 　〈p〉学号:

(10) 　〈input name = "std_id" type = "text" size = "20" maxlength = "7" /〉〈/p〉

(11) 　〈p〉性别:

(12) 　　〈input type = "radio" name = "std_gender" value = "男" /〉 男

(13) 　　〈input type = "radio" name = "std_gender" value = "女" /〉 女〈/p〉

(14) 　〈p〉类型:

(15) 　　〈input type = "radio" name = "std_type" value = "教师"/〉 教师

(16) 　　〈input type = "radio" name = "std_type" value = "学生"/〉 学生

(17) 　　〈input type = "radio" name = "std_type" value = "管理员"/〉 管理员〈/p〉

(18) 　〈p〉〈input type = "submit" name = "button" value = "提交" /〉 　〈/p〉

(19) 〈/form〉

(20) 〈/body〉

(21) 〈/html〉

程序说明: 例 4—12 网页程序主要练习表单单选按钮元素的设计方法,其核心语句是第 (12)~(13) 条、第 (15)~(17) 条。浏览者在图 4—31 输入"学号",选择"性别"和"类型",单击"提交"按钮后,网页程序切换到 n-4-12. php 网页程序。

4. 利用 Dreamweaver 软件建立显示单选按钮数据的网页

【例 4—13】 设计文件名是"n-4-12. php"的网页程序文件,显示表单的单选按钮接收的学号、性别、类型数据。

在 Dreamweaver 软件的"代码视图"中输入下列程序语句:

(1) 〈html xmlns = "http://www. w3. org/1999/xhtml"〉

(2) 〈head〉

(3) 〈meta http-equiv = "Content-Type" content = "text/html; charset = utf-8" /〉

(4) 〈title〉n-4-12. php〈/title〉

(5) 〈/head〉

(6) 〈body〉

(7) 接收的数据

(8) 〈hr〉

(9) 〈?php

(10) 　print "学号:";print $ _POST["std_id"];print "〈br〉";

(11) 　print "性别:";print $ _POST["std_gender"];print"〈br〉";

(12) 　print "类型:";print $ _POST["std_type"];print"〈br〉";

(13) ?〉

(14) 〈/body〉

(15) 〈/html〉

程序说明: 由于 n-4-12. html 网页程序的表单 std_gender 单选按钮数据以"post"方式传送给 n-4-12. php 网页程序,所以在 n-4-12. php 网页程序处理时,必须用 $ _POST["std_gender"]表示。

在如图 4—31 所示的窗口输入有关信息单击"提交"按钮，出现如图 4—32 所示的窗口。

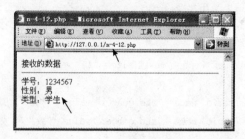

图 4—32　例 4—13 设计的网页程序文件的浏览结果

4.7.4　复选框

1. 复选框的作用

表单的复选框是用来从给定的选项中选择多个选项的表单元素。

2. 复选框的命令格式

〈input type = "checkbox" name = "复选框名称" value = "复选框初值" checked〉

type：设置成为"checkbox"表示是复选框。

name：设置复选框的名称，复选框名称不得重名。复选框名称作为 PHP 网页处理程序引用的对象。

value：设置复选框的初值。

checked：表示当前选项是默认勾选的选项。

3. 利用 Dreamweaver 软件建立表单的复选框

【例 4—14】　设计文件名是"n-4-14. html"的网页程序文件，建立表单的文本域接收学号、选择喜爱的运动（跑步、游泳、爬山）、选择喜爱的图书类别（英语、科技、文学）复选框，单击"提交"按钮，处理数据的网页程序"n-4-14. php"显示输入的数据结果。

利用 Dreamweaver 软件建立网页的操作过程如下所述：

（1）建立"n-4-14. html"网页程序文件，设计表单及其属性。

（2）如图 4—33 所示，在 Dreamweaver 软件的"设计视图"中，将光标移动到"学号："后，选择菜单栏的"插入记录→表单→文本域"选项，屏幕出现设置文本域的属性。这个操作的语句表示为：

〈input name = "std_id"　type = "text"　size = "20"　maxlength = "7" /〉

（3）在 Dreamweaver 软件的"设计视图"中，将光标移动到"喜爱的运动："后，选择菜单栏的"插入记录→表单→复选框"选项，屏幕出现复选框，在复选框的后边输入"跑步"。

设置复选框的属性，在"复选框名称"位置输入"spt_a"，表示该单选按钮的名称。在"选定值"位置，设置"跑步"，表示勾选后的结果为"跑步"。这个操作的语句表示为：

〈input type = "checkbox" name = " spt_a "　value = "跑步" /〉跑步

（4）在 Dreamweaver 软件的"设计视图"中，将光标移动到"喜爱的运动："后，选择菜单栏的"插入记录→表单→复选框"选项，屏幕出现复选框，在复选框的后边输入"游泳"。

设置复选框的属性，在"复选框名称"位置输入"spt_b"，表示该单选按钮的名称。在"选定值"位置，设置"游泳"，表示勾选后的结果为"游泳"。这个操作的语句表示为：

〈input type = "checkbox" name = " spt_b "　value = "游泳" /〉游泳

（5）在 Dreamweaver 软件的"设计视图"中，将光标移动到"喜爱的运动："后，选择菜单栏的"插入记录→表单→复选框"选项，屏幕出现复选框，在复选框的后边输入"爬山"。

设置复选框的属性，在"复选框名称"位置输入"spt_c"，表示该单选按钮的名称。在"选定值"位置，设置"爬山"，表示勾选后的结果为"爬山"。这个操作的语句表示为：

〈input type = "checkbox" name = " spt_c "　value = "爬山" /〉爬山

（6）在 Dreamweaver 软件的"设计视图"中，将光标移动到"喜爱的图书类别："后，选择菜单栏的"插入记录→表单→复选框"选项，屏幕出现复选框，在复选框的后边输入"英语"。

设置复选框的属性，在"复选框名称"位置输入"bk_a"，表示该单选按钮的名称。在"选定值"位置，设置"英语"，表示勾选后的结果为"英语"。这个操作的语句表示为：

〈input type = "checkbox" name = " bk_a "　value = "英语" /〉英语

（7）在 Dreamweaver 软件的"设计视图"中，将光标移动到"喜爱的图书类别："后，选择菜单栏的"插入记录→表单→复选框"选项，屏幕出现复选框，在复选框的后边输入"科技"。

设置复选框的属性，在"复选框名称"位置输入"bk_b"，表示该单选按钮的名称。在"选定值"位置，设置"科技"，表示勾选后的结果为"科技"。这个操作的语句表示为：

〈input type = "checkbox" name = " bk_b "　value = "科技" /〉科技

（8）在 Dreamweaver 软件的"设计视图"中，将光标移动到"喜爱的图书类别："后，选择菜单栏的"插入记录→表单→复选框"选项，屏幕出现复选框，在复选框的后边输入"文学"。

设置复选框的属性，在"复选框名称"位置输入"bk_c"，表示该单选按钮的名称。在"选定值"位置，设置"文学"，表示勾选后的结果为"文学"。这个操作的语句表示为：

〈input type = "checkbox" name = " bk_c "　value = "文学" 〉文学

（9）在如图 4—33 所示 Dreamweaver 软件的"设计视图"中，选择菜单栏的"插入记录→表单→按钮"选项，屏幕出现"提交"按钮。这个操作的语句表示为：

〈input type = "submit" name = "button" value = "提交"　/〉

例 4—14 设计的网页程序文件的浏览结果如图 4—34 所示。

图 4—33　设计复选框及其属性

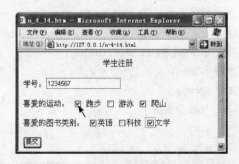

图 4—34　例 4—14 设计的网页程序文件的浏览结果

例 4—14 网页程序的语句如下：

(1)　〈html xmlns = "http://www.w3.org/1999/xhtml"〉

(2)　〈head〉

(3)　〈meta http-equiv = "Content-Type" content = "text/html; charset = utf-8" /〉

(4)　〈title〉n_4_14.htm〈/title〉

(5)　〈/head〉

(6)　〈body〉

(7)　〈div align = "center"〉学生注册〈/div〉

(8)　〈form id = "form1" name = "form1" method = "post" action = "n-4-14.php"〉

(9)　　〈p〉学号:〈input name = " std_id " type = "text" size = "20" maxlength = "7"/〉 〈/p〉

(10)　　〈p〉喜爱的运动:

(11)　　　〈input type = "checkbox" name = "spt_a"　value = "跑步" /〉跑步

(12)　　　〈input type = "checkbox" name = "spt_b"　value = "游泳" /〉游泳

(13)　　　〈input type = "checkbox" name = "spt_c"　value = "爬山" /〉爬山

(14)　　〈/p〉

(15)　　〈p〉喜爱的图书类别:

(16)　　　〈input type = "checkbox" name = "bk_a"　value = "英语" /〉英语

(17)　　　〈input type = "checkbox" name = "bk_b"　value = "科技" /〉科技

(18)　　　〈input type = "checkbox" name = "bk_c"　value = "文学" /〉文学 〈/p〉

(19)　　〈p〉〈input type = "submit" name = "button" value = "提交"/〉　〈/p〉

(20)　〈/form〉

(21)　〈/body〉

(22)　〈/html〉

程序说明: 例 4—14 网页程序主要练习表单复选框元素的设计方法,其核心语句是第 (11)～(13)、第 (16)～(18) 条。浏览者在图 4—34 输入"学号",选择"喜爱的运动"和"喜爱的图书",单击"提交"按钮后,网页程序切换到 n-4-14.php 网页程序。

4. 利用 Dreamweaver 软件建立显示复选框数据的网页

【例 4—15】　设计文件名是"n-4-14.php"的网页程序文件,显示表单的复选框接收的喜爱的运动、喜爱的图书的数据。

在 Dreamweaver 软件的"代码视图"中输入下列程序语句:

(1)　〈html xmlns = "http://www.w3.org/1999/xhtml"〉

(2)　〈head〉

(3)　〈meta http-equiv = "Content-Type" content = "text/html; charset = utf-8" /〉

(4)　〈title〉n-4-14.php〈/title〉

(5)　〈/head〉

(6)　〈body〉

(7)　接收的数据

(8)　〈hr〉

(9)　〈?php

(10)　print "学号:"; print $ _POST["std_id"];

(11)　print "〈br〉喜爱的运动:";

```
(12)    if (!empty( $ _POST["spt_a"]))
(13)        print $ _POST["spt_a"]; print "  ";
(14)    if (!empty( $ _POST["spt_b"]))
(15)        print $ _POST["spt_b"]; print "  ";
(16)    if (!empty( $ _POST["spt_c"]))
(17)        print $ _POST["spt_c"]; print "  ";
(18)    print "<br>喜爱的图书:";
(19)    if (!empty( $ _POST["bk_a"]))
(20)        print $ _POST["bk_a"]; print "  ";
(21)    if (!empty( $ _POST["bk_b"]))
(22)        print $ _POST["bk_b"]; print "  ";
(23)    if (!empty( $ _POST["bk_c"]))
(24)        print $ _POST["bk_c"]; print "  ";
(25)    ?>
(26)    </body>
(27)    </html>
```

程序说明: 由于 n-4-14. html 网页程序的表单 spt_a、spt_b、spt_c、bk_a、bk_b、bk_c 复选框数据以 "post" 方式传送给 n-4-14. php 网页程序,所以在 n-4-14. php 网页程序处理时,必须用 $ _POST["spt_a"] 等表示。"! empty($ _POST["bk_a"])" 表示该数据项不为空值。

在如图 4—34 所示的窗口输入有关信息,单击 "提交" 按钮,出现如图 4—35 所示的窗口。

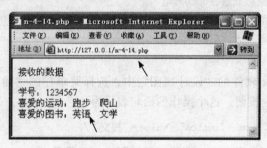

图 4—35　例 4—15 设计的网页程序文件的浏览结果

4.7.5　列表/菜单

1. 列表/菜单标签的作用

表单的列表/菜单标签用来在网页页面上显示列表/菜单选项的表单元素,可以从给定的选项中选择一个进行操作。

2. 列表/菜单标签的语句格式

```
<select   name = 菜单名称 size = #   >
    <option   value = "值1"> 菜单名1
    <option   value = "值2"> 菜单名2
    <option   value = "值3"> 菜单名3
</select>
```

name:设置列表/菜单的名称,列表/菜单的名称不得重名。列表/菜单的名称作为 PHP 网页处理程序引用的对象。

size：设置列表/菜单的显示行数。

value：设置每个选项的值。

3．利用 Dreamweaver 软件建立表单的列表/菜单

【例 4—16】 设计文件名是"n-4-16.html"的网页程序文件，建立表单的文本域接收学号、喜爱的城市（北京、上海、天津），单击"提交"按钮，处理数据的网页程序"n-4-16.php"显示输入的数据结果。

利用 Dreamweaver 软件建立网页的操作过程如下所述：

（1）建立"n-4-16.html"网页程序文件，设计表单及其属性。

（2）如图 4—36 所示，在 Dreamweaver 软件的"设计视图"中，将光标移动到"学号："后，选择菜单栏的"插入记录→表单→文本域"选项，屏幕出现文本域，设置文本域的属性。这个操作的语句表示为：

〈input name = "std_id" type = "text" size = "20" maxlength = "7" /〉

（3）在 Dreamweaver 软件的"设计视图"中，将光标移动到"喜爱的城市："后，选择菜单栏的"插入记录→表单→列表/菜单"选项，屏幕出现列表/菜单。

设置列表/菜单的属性，在"列表/菜单名称"位置输入"std_city"，表示该列表/菜单的名称。单击"列表值"按钮，出现填写列表值的对话框，项目标签表示列表的显示提示。这个操作的语句表示为：

〈select name = "std_city" id = "select"〉
    〈option value = "北京"〉北京〈/option〉
    〈option value = "上海"〉上海〈/option〉
    〈option value = "天津"〉天津〈/option〉
〈/select〉

（4）在 Dreamweaver 软件的"设计视图"中，选择菜单栏的"插入记录→表单→按钮"选项，屏幕出现"提交"按钮。这个操作的语句表示为：

〈input type = "submit" name = "button" value = "提交" /〉

例 4—16 设计的网页程序文件的浏览结果如图 4—37 所示。

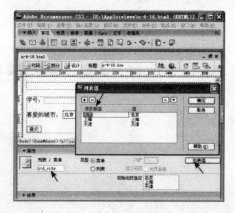

图 4—36　设计列表/菜单及其属性　　图 4—37　例 4—16 设计的网页程序文件的浏览结果

例 4—16 网页程序的语句如下：

```
(1)  <html xmlns = "http://www.w3.org/1999/xhtml">
(2)  <head>
(3)  <meta http-equiv = "Content-Type" content = "text/html; charset = utf-8" />
(4)  <title>n-4-16.htm</title>
(5)  </head>
(6)  <body>
(7)  <div align = "center">学生注册</div>
(8)  <form id = "form1" name = "form1" method = "post" action = "n-4-16.php">
(9)    <p>学号:<input name = "std_id" type = "text" size = "20" maxlength = "7"/> </p>
(10)   <p>喜爱的城市:
(11)     <select name = "std_city" id = "select">
(12)       <option value = "北京">北京</option>
(13)       <option value = "上海">上海</option>
(14)       <option value = "天津">天津</option>
(15)     </select>
(16)   </p>
(17)   <p><input type = "submit" name = "button" value = "提交"/>  </p>
(18) </form>
(19) </body>
(20) </html>
```

程序说明: 例 4—16 网页程序练习表单列表/菜单元素的设计方法,其核心语句是第 (11)~(15) 条。浏览者在如图 4—37 所示的窗口中输入学号,选择喜爱的城市,单击"提交"按钮后,网页程序切换到 n-4-16.php 网页程序。

4. 利用 Dreamweaver 软件建立显示列表/菜单数据的网页

【例 4—17】 设计文件名是"n-4-16.php"的网页程序文件,显示表单的列表/菜单接收的喜爱的城市的数据。

在 Dreamweaver 软件的"代码视图"中输入下列程序语句:

```
(1)  <html xmlns = "http://www.w3.org/1999/xhtml">
(2)  <head>
(3)  <meta http-equiv = "Content-Type" content = "text/html; charset = utf-8" />
(4)  <title>n-4-16.php</title>
(5)  </head>
(6)  <body>
(7)  接收的数据
(8)  <hr>
(9)  <?php
(10)   print "学号:"; print $_POST["std_id"];
(11)   print "<br>喜爱的城市:";
(12)   if (!empty( $_POST["std_city"]))
(13)     print $_POST["std_city"];
(14) ?>
(15) </body>
```

89

(16) 〈/html〉

程序说明：由于 n-4-16.html 网页程序的表单 std_city 列表/菜单数据以"post"方式传送给 n-4-16.php 网页程序，所以在 n-4-16.php 网页程序处理时，必须用 $_POST["std_city"]等表示。

在如图 4—37 所示的窗口输入有关信息后，单击"提交"按钮，出现如图 4—38 所示的窗口。

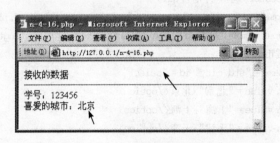

图 4—38 例 4—17 设计的网页程序文件的浏览结果

4.7.6 文件域

1. 文件域标签的作用

表单的文件域标签用来供浏览者在网页页面上选择一个文件，对于已经选择的文件可以利用 PHP 网页程序进行上传操作，将选择的文件上传到网站。

2. 文件域标签的语句格式

〈input type = "file" name = ♯ 〉

type：设置成为"file"表示是文件域。

name：设置文件域的名称，文件域的名称不得重名。文件域的名称作为 PHP 网页处理程序引用的对象。

3. 利用 Dreamweaver 软件建立表单的文件域

【例 4—18】 设计文件名是"n-4-18.html"的网页程序文件，建立表单的文件域接收文件名，单击"上传文件"按钮，处理数据的网页程序"n-4-18.php"显示处理的数据结果。

利用 Dreamweaver 软件建立网页的操作过程如下所述：

(1) 建立"n-4-18.html"网页程序文件，设计表单及其属性。

(2) 如图 4—39 所示，在 Dreamweaver 软件的"设计视图"中，将光标移动到"上传文件"后，选择菜单栏的"插入记录→表单→文件域"选项，屏幕出现文件域，设置文件域的属性，name 设置成为"upfile"。这个操作的语句表示为：

〈input type = "file" name = "upfile" 〉

(3) 在 Dreamweaver 软件的"设计视图"中，选择菜单栏的"插入记录→表单→按钮"选项，屏幕出现"上传文件"按钮。这个操作的语句表示为：

〈input type = "submit" name = "button" value = "上传文件" 〉

例 4—18 设计的网页程序文件的浏览结果如图 4—40 所示。

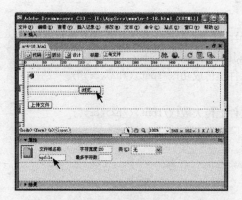

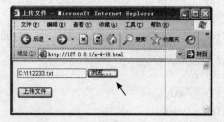

图4—39 设计文件域及其属性   **图4—40 例4—18设计的网页程序文件的浏览结果**

例4—18网页程序的语句如下:

(1) 〈html xmlns = "http://www. w3. org/1999/xhtml"〉

(2) 〈head〉

(3) 〈meta http-equiv = "Content-Type" content = "text/html; charset = utf-8" /〉

(4) 〈title〉上传文件〈/title〉

(5) 〈/head〉

(6) 〈body〉

(7) 〈form enctype = "multipart/form – data" action = "n-4-18. php" method = "post"〉

(8) 　　〈input type = "hidden" name = "MAX_FILE_SIZE" value = "2000000"〉

(9) 　〈p〉〈input type = "file" name = "upfile" size = 20〉 〈/p〉

(10) 　〈p〉〈input type = "submit" value = "上传文件"〉 〈/p〉

(11) 〈/form〉

(12) 〈/body〉

(13) 〈/html〉

程序说明：例4—18网页程序练习表单文件域元素的设计方法，其核心语句是第(9)条。浏览者在图4—40中单击"浏览"按钮，确定上传的文件名称后，单击"上传文件"按钮后，网页程序切换到 n-4-18. php 网页程序。

4. 利用 Dreamweaver 软件建立显示文件域数据的网页

【例4—19】 设计文件名是"n-4-18. php"的网页程序文件，显示表单文件域接收的数据。

在 Dreamweaver 软件的"代码视图"中输入下列程序语句：

(1) 〈html xmlns = "http://www. w3. org/1999/xhtml"〉

(2) 〈head〉

(3) 〈meta http-equiv = "Content-Type" content = "text/html; charset = utf-8" /〉

(4) 〈title〉文件上传〈/title〉

(5) 〈/head〉

(6) 〈body〉

(7) 〈?

(8) 　$ fn = $ _FILES['upfile']['name']; //浏览者选择的文件名,包括文件夹.

(9)　　print "〈br〉上传的文件:". $ fn. "〈br〉";

(10)　　$ tar_file = "../upload/". basename($ fn); //浏览者选择的文件名,包括文件夹

(11)　　if (move_uploaded_file($ _FILES['upfile']['tmp_name'], $ tar_file)){

(12)　　　　print "〈h2〉〈font color = ♯ff0000〉文件上传成功!〈/font〉〈/h2〉〈br〉";

(13)　　}else {

(14)　　　　print "〈h2〉〈font color = ♯ff0000〉文件上传失败!〈/font〉〈/h2〉〈br〉";

(15)　　}

(16)　　?〉

(17)　　〈/body〉

(18)　　〈/html〉

程序说明: 由于"n-4-18. html"网页程序的表单文件域"upfile"选择的文件名,上传到网站, $ _FILES['upfile']['name']是网站接收到的文件名和数据,第(10)条语句表示把浏览者上传的文件保存到网站的位置即"/AppServ/upload/"。第(11)条语句是上传文件的核心语句。

在如图4—40所示的窗口输入有关信息,单击"上传文件"按钮,出现如图4—41所示的窗口。

图4—41　例4—19设计的网页程序文件的浏览结果

4.7.7　文本区域

1. 文本区域标签的作用

表单的文本区域标签用来在网页页面上输入多行文字。

2. 文本区域标签的语句格式

〈textarea name = ♯　cols = ♯ rows = ♯〉文本区域的内容〈/textarea〉

name:设置文本区域的名称,文本区域的名称不得重名。文本区域的名称作为PHP网页处理程序引用的对象。

cols:设置文本区域的列数。

rows:设置文本区域的行数。

3. 利用Dreamweaver软件建立表单的文本区域

【例4—20】 设计文件名是"n-4-20. html"的网页程序文件,建立表单的文本区域接收学生的"留言"信息,单击"提交"按钮,处理数据的网页程序"n-4-20. php"显示输入的数据结果。

利用Dreamweaver软件建立网页的操作过程如下所述:

(1) 建立"n-4-20. html"网页程序文件,设计表单及其属性。

(2) 如图4—42所示,在Dreamweaver软件的"设计视图"中,将光标移动到"留言:"

后，选择菜单栏的"插入记录→表单→文本区域"选项，屏幕出现文本区域，设置文本区域的属性 name 为"std_note"。这个操作的语句表示为：

⟨textarea name = "std_note" cols = "45" rows = "5"⟩ ⟨/textarea⟩

（3）在 Dreamweaver 软件的"设计视图"中，选择菜单栏的"插入记录→表单→按钮"选项，屏幕出现"提交"按钮。这个操作的语句表示为：

⟨input type = "submit" name = "button"　value = "提交" /⟩

例 4—20 设计的网页程序文件的浏览结果如图 4—43 所示。

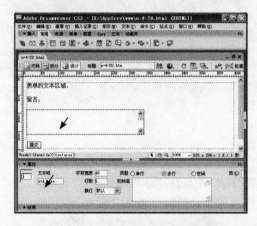

图 4—42　设计列表/菜单及其属性　　图 4—43　例 4—20 设计的网页程序文件的浏览结果

例 4—20 网页程序的语句如下：

(1)　⟨html xmlns = "http://www.w3.org/1999/xhtml"⟩

(2)　⟨head⟩

(3)　⟨meta http-equiv = "Content-Type" content = "text/html; charset = utf-8" /⟩

(4)　⟨title⟩n-4-20.htm⟨/title⟩

(5)　⟨/head⟩

(6)　⟨body⟩

(7)　⟨form action = "n-4-20.php" method = "post" enctype = "multipart/form-data"⟩

(8)　　⟨p⟩表单的文本区域:⟨/p⟩

(9)　　⟨p⟩留言:⟨/p⟩

(10)　　⟨p⟩⟨textarea name = "std_note" cols = "45" rows = "5"⟩⟨/textarea⟩ ⟨/p⟩

(11)　　⟨p⟩⟨input type = "submit" name = "button"　value = "提交" /⟩ ⟨/p⟩

(12)　⟨/form⟩

(13)　⟨/body⟩

(14)　⟨/html⟩

程序说明： 例 4—20 网页程序练习表单文本区域元素的设计方法，其核心语句是第（10）条。浏览者在图 4—43 中输入"留言"的内容，单击"提交"按钮后，网页程序切换到 n-4-20.php 网页程序。

4. 利用 Dreamweaver 软件显示表单的文本区域的内容

【例 4—21】　设计文件名是"n-4-20.php"的网页程序文件，显示表单的文本区域接收的留言的数据。

在 Dreamweaver 软件的"代码视图"中输入下列程序语句:

(1) 〈html xmlns = "http://www.w3.org/1999/xhtml"〉

(2) 〈head〉

(3) 〈meta http-equiv = "Content-Type" content = "text/html; charset = utf-8" /〉

(4) 〈title〉〈/title〉

(5) 〈/head〉

(6) 〈body〉

(7) 〈body〉

(8) 接收的数据

(9) 〈hr〉

(10) 〈?php

(11) print "留言:";

(12) print $ _POST["std_note"];

(13) ?〉

(14) 〈/body〉

(15) 〈/html〉

程序说明:由于"n-4-20. html"网页程序的表单 std_note 文本区域数据以"post"方式传送给 n-4-20. php 网页程序,所以在 n-4-20. php 网页程序处理时,必须用 $ _POST["std_note"] 表示。

在如图 4—43 所示的窗口输入有关信息,单击"提交"按钮,出现如图 4—44 所示的窗口。

图4—44 例4—21 设计的网页程序文件的浏览结果

4.7.8 提交/重置按钮

1. 提交/重置按钮标签的作用

提交按钮是用来将输入的数据进行传输,提交给指定的 PHP 处理数据的网页程序的表单标签。

重置按钮用来将表单输入区域清空,以便重新输入数据。

2. 提交/重置按钮标签的语句格式

〈input type = "submit" value = "提交"〉

name:设置按钮的名称,按钮的名称不得重名。按钮的名称作为 PHP 网页处理程序引用的对象。

type：设置成"submit"表示是"提交"标签。设置成"reset"表示是"重置"标签。

value：表示按钮的提示和值。

在 Dreamweaver 软件的"设计视图"中，选择菜单栏的"插入记录→表单→按钮"选项，屏幕出现"提交"按钮，分别选择按钮的类型可以设置"提交"按钮或"重置"按钮。这个操作的语句表示为：

```
〈input type = "submit" name = "button1"  value = "提交" /〉
〈input type = "reset" name = "button2"  value = "重置" /〉
```

3. 利用 Dreamweaver 软件建立图片作为提交按钮的方法

在表单中，如果希望用一个图片作为"提交"按钮，那么可以用下边的语句：

```
〈img src = "图片文件名称"  onclick = "表单名称.submit()"〉
```

【例 4—22】　设计文件名是"n-4-22. html"的网页程序文件，以图片作为"提交"按钮，单击图片时，处理数据的网页程序"n-4-22. php"显示输入的数据结果。

利用 Dreamweaver 软件建立网页的操作过程如下所述：

(1) 建立"n-4-22. html"网页程序文件，设计表单及其属性。

(2) 如图 4—45 所示，在 Dreamweaver 软件的"设计视图"插入一个图片，在"代码视图"输入语句：

```
〈 img src = "11. gif"  onclick = "form1. submit()" 〉
```

"11. gif"是保存在"E:\AppServ\www"文件夹下的图片文件。"form1"是表单的名称。

例 4—22 设计的网页程序文件的浏览结果如图 4—46 所示。

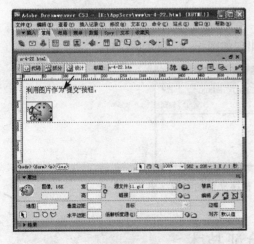

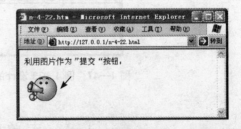

图 4—45　设计列表/菜单及其属性　　　图 4—46　例 4—22 设计的网页程序文件的浏览结果

例 4—22 网页程序的语句如下：

(1) 〈html xmlns = "http://www. w3. org/1999/xhtml"〉

(2) 〈head〉

(3) 〈meta http-equiv = "Content-Type" content = "text/html; charset = utf-8" /〉

(4) 〈title〉n-4-22. htm〈/title〉

(5) 〈/head〉

(6) 〈body〉

(7) 〈form name = "form1" action = "n-4-22. php" method = "post" 〉

(8) 　〈p〉利用图片作为"提交"按钮：〈/p〉

(9) 　〈p〉 〈img src = "11. gif" onclick = "form1. submit()"〉 〈/p〉

(10) 〈/form〉

(11) 〈/body〉

(12) 〈/html〉

程序说明： 例4—22网页程序练习图片作为"提交"按钮元素的设计方法。浏览者在图 4—46中单击图片后，网页程序切换到"n-4-22. php"网页程序。

4. 利用 Dreamweaver 软件显示表单的图片按钮提交效果

【例4—23】 　设计文件名是"n-4-22. php"的网页程序文件，显示提示信息。

在 Dreamweaver 软件的"代码视图"中输入下列程序语句：

(1) 〈html xmlns = "http://www.w3.org/1999/xhtml"〉

(2) 〈head〉

(3) 〈meta http-equiv = "Content-Type" content = "text/html; charset = utf-8" /〉

(4) 〈title〉n-4-22. php〈/title〉

(5) 〈/head〉

(6) 〈body〉

(7) 〈?php

(8) print "利用图片作为提交按钮.";

(9) ?〉

(10) 〈/body〉

(11) 〈/html〉

在如图4—46所示的窗口单击"图片"按钮，出现如图4—47所示的窗口。

图4—47　例4—23设计的网页程序文件的浏览结果

4.8　表单的验证技术

4.8.1　表单的验证技术概述

1. 表单的验证

浏览者利用表单可以在客户端输入数据，然后利用"提交"按钮将数据传送到网站的服务器端，进行加工和保存。由于浏览者输入的数据随意性比较强，数据格式可能不规范，所以需要对客户端浏览者输入的数据格式进行验证。例如：学号必须是7位数字符号，电话号码必须是 11 位数字符号，电子邮箱的地址必须有"@"和"."符号，浏览者给网站的留言必须是 10 个字以上等。这样，只有符合要求的数据才能传递给网站，否则，计算机拒绝接收。为了解决上述数据格式的验证，需要用到表单的验证技术。

Dreamweaver 软件的表单 Spry 构件为编程人员设计网页程序，检测浏览者输入的数据提供了有力的技术支持。利用表单的 Spry 构件可以设置输入数据的格式和检验数据的有效性，浏览者输入的数据如果不规范，计算机会给浏览者显示提示信息，并拒绝浏览者提交数据。只有数据符合规范了才允许提交数据，并通过计算机网络传递到网站做数据加工。

Dreamweaver 软件的表单 Spry 构件包括 Spry 验证文本域、Spry 验证文本区域、Spry 验证复选框、Spry 验证选择。

2．利用 Dreamweaver 软件建立表单 Spry 构件

在如图 4—48 所示的 Dreamweaver 软件"设计视图"，选择菜单栏的"插入记录→表单→表单"选项，屏幕出现红色边框表示表单区域。设置表单的属性，在"动作"位置输入处理数据的网页程序文件名；在"方法"位置设置"post"方式传送。

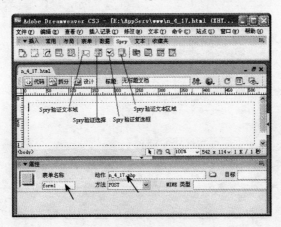

图 4—48　设计表单

在表单区域可以根据需要添加 Spry 验证文本域、Spry 验证文本区域、Spry 验证复选框、Spry 验证选择。

4.8.2　Spry 验证文本域

1．Spry 验证文本域的作用

表单的 Spry 验证文本域是用来接收数据的表单元素。接收的数据要符合格式要求，否则屏幕出现输入错误的提示信息。例如，学号必须是指定位数长度的数字字符、电子邮箱的地址必须有"@"和"."符号。这样可以保证浏览者输入的数据是有效的数据。

Spry 验证文本域包括以下几种状态的验证：

（1）有效状态。该状态表示浏览者输入的数据格式正确。

（2）无效状态。该状态表示浏览者输入的数据格式不正确。

（3）必填值状态。该状态表示浏览者没有输入所需的数据。

（4）初始状态。该状态表示加载网页或重置网页时的状态。

（5）得到光标状态。该状态表示光标在这个构件时需要出现的值。

（6）最小字符数状态。该状态表示浏览者输入的字符个数小于所需要的字符个数。

（7）最大字符数状态。该状态表示浏览者输入的字符个数大于所需要的字符个数。

（8）最小值状态。该状态表示浏览者输入的数小于所需要的数。

（9）最大值状态。该状态表示浏览者输入的数大于所需要的数。

如果浏览者输入的数据不符合上述特征格式的需要，将出现提示信息，告知浏览者输入的信息格式不正确。

2. 利用 Dreamweaver 软件建立表单的 Spry 验证文本域

【例 4—24】 设计文件名是"n-4-24. html"的网页程序文件，建立表单的 Spry 文本域接收学号（必须为 7 位数字符号）、电子邮箱（必须符合邮箱格式），单击"提交"按钮，处理数据的网页程序"n-4-24.php"显示输入的数据结果。

利用 Dreamweaver 软件建立网页的操作过程如下所述：

（1）建立"n-4-24. html"网页程序文件，设计表单及其属性。

（2）如图 4—49 所示，在 Dreamweaver 软件的"设计视图"中，将光标移动到"学号："后，选择菜单栏的"插入记录→Spry→Spry 验证文本域"选项，屏幕出现 Spry 验证文本域。

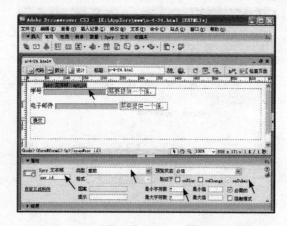

图 4—49 设计 Spry 验证文本域及其属性

设置文本域的属性，在"文本域"位置输入"std_id"，表示该文本域的名称。在"字符宽度"位置，设置"20"，表示学号文本域的大小。在"最多字符数"位置，设置"7"，表示学号最多 7 位。在"类型"位置选择"单行"。

单击"Spry 文本域：spr_id"，设置属性。

1）Spry 文本域的名称：设置成为"spr_id"。

2）类型：设置成为"整数"，表示接收数字字符。

3）预览状态：设置成为"必填"。

4）验证于：设置成为"onSubmit"，表示单击"提交"按钮时验证；设置成为"onBlur"表示失去光标时验证；设置成为"onChange"表示内容发生改变时验证。

5）最小字符数、最大字符数：设置成 7。如果输入的数据不符合规范，屏幕出现错误提示。

6）必需的：设置成为被勾选。

（3）如图 4—50 所示，在 Dreamweaver 软件的"设计视图"中，将光标移动到"电子邮件："后，选择菜单栏的"插入记录→Spry→Spry 验证文本域"选项，屏幕出现 Spry 验证文本域。

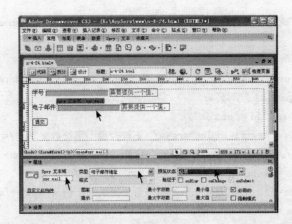

图 4—50　设计 Spry 验证文本域及其属性——电子邮件格式验证

设置文本域的属性，在"文本域"位置输入"std_mail"，表示该文本域的名称。在"类型"位置选择"单行"。

单击"Spry 文本域：spr_mail"，设置属性。

1）Spry 文本域的名称：设置成为"spr_mail"。

2）类型：设置成为"电子邮件地址"，表示验证电子邮件格式。

3）预览状态：设置成为"无效格式"。

4）验证于：设置成为"onSubmit"，表示单击"提交"按钮时验证。

5）必需的：设置成为被勾选。

（4）在 Dreamweaver 软件的"设计视图"中，选择菜单栏的"插入记录→表单→按钮"选项，屏幕出现"提交"按钮。这个操作的语句表示为：

〈input type = "submit" name = "button" id = "button" value = "提交" /〉

例 4—24 设计的网页程序文件的浏览结果如图 4—51 所示。

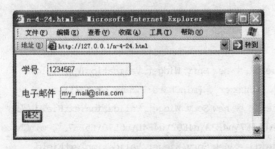

图 4—51　例 4—24 设计的网页程序文件的浏览结果

例 4—24 网页程序的语句如下：

```
(1)   〈html xmlns = "http://www.w3.org/1999/xhtml"〉
(2)   〈html xmlns = "http://www.w3.org/1999/xhtml"〉
(3)   〈head〉
(4)   〈meta http-equiv = "Content-Type" content = "text/html; charset = utf-8" /〉
(5)   〈title〉n-4-24.html〈/title〉
(6)   〈script src = "SpryAssets/SpryValidationTextField.js" type = "text/javascript"〉〈/script〉
```

(7)　〈link href = "SpryAssets/SpryValidationTextField.css" rel = "stylesheet" type = "text/css" /〉

(8)　〈/head〉

(9)　〈body〉

(10)　〈form id = "form1" name = "form1" method = "post" action = "n-4-24. php"〉

(11)　〈p〉学号〈span id = "学号"〉

(12)　〈label〉　〈span id = "std_id"〉

(13)　〈span class = "textfieldMinCharsMsg"〉不符合最小字符数要求.〈/span〉

(14)　〈span class = "textfieldMaxCharsMsg"〉已超过最大字符数.〈/span〉

(15)　〈span class = "textfieldInvalidFormatMsg"〉格式无效.〈/span〉

(16)　〈span class = "textfieldRequiredMsg"〉需要提供一个值.〈/span〉〈/span〉〈/label〉

(17)　〈span class = "textfieldInvalidFormatMsg"〉〈/span〉〈/span〉

(18)　〈span id = "spr_id"〉

(19)　〈input type = "text" name = "std_id" id = "std_id" /〉

(20)　〈span class = "textfieldRequiredMsg"〉需要提供一个值.〈/span〉

(21)　〈span class = "textfieldInvalidFormatMsg"〉格式无效.〈/span〉

(22)　〈span class = "textfieldMinCharsMsg"〉不符合最小字符数要求.〈/span〉

(23)　〈span class = "textfieldMaxCharsMsg"〉已超过最大字符数.〈/span〉〈/span〉〈/p〉

(24)　〈p〉电子邮件〈span id = "spr_mail"〉

(25)　〈label〉

(26)　〈input name = "std_mail" type = "text" id = "std_mail" /〉

(27)　〈/label〉

(28)　〈span class = "textfieldRequiredMsg"〉需要提供一个值.〈/span〉

(29)　〈span class = "textfieldInvalidFormatMsg"〉格式无效.〈/span〉〈/span〉〈/p〉

(30)　〈p 〉〈label〉

(31)　　〈input type = "submit" name = "button" id = "button" value = "提交" /〉

(32)　〈/label〉〈/p〉

(33)　〈/form〉

(34)　〈script type = "text/javascript"〉

(35)　〈! --

(36)　var sprytextfield2 = new Spry. Widget. ValidationTextField

(37)　　("std_id", "integer", {minChars:7, maxChars:7});

(38)　var sprytextfield1 = new Spry. Widget. ValidationTextField ("xh", "integer",

(39)　{hint:"\u5B66\u53F7\u4E3A\u4E03\u4F4D\u6570\u5B57. ", minChars:7, maxChars:7});

(40)　var sprytextfield3 = new Spry. Widget. ValidationTextField

(41)　　("spr_mail", "email");

(42)　var sprytextfield4 = new Spry. Widget. ValidationTextField

(43)　　("spr_id", "integer", {minChars:7, maxChars:7});

(44)　// -- 〉

(45)　〈/script〉

(46)　〈/body〉

(47)　〈/html〉

程序说明：例 4—24 网页程序练习表单 Spry 验证文本域的设计方法，根据设计要求定义

Spry 验证文本域的属性，计算机自动产生网页程序的代码语句。浏览者在图 4—51 输入学号、电子邮件，单击"提交"按钮后，网页程序切换到 n-4-24. php 网页程序。

3. 利用 Dreamweaver 软件显示表单的 Spry 验证文本域

【例 4—25】　设计文件名是"n-4-24. php"的网页程序文件，显示例 4—24 中 Spry 验证文本域的内容。

在 Dreamweaver 软件的"代码视图"中输入下列语句：

(1) 〈html xmlns = "http://www. w3. org/1999/xhtml"〉

(2) 〈head〉

(3) 〈meta http-equiv = "Content-Type" content = "text/html; charset = utf-8" /〉

(4) 〈title〉n-4-24. php〈/title〉

(5) 〈/head〉

(6) 〈body〉

(7) 接收的数据

(8) 〈hr〉

(9) 〈?php

(10)　 print　"学号:". $ _POST["std_id"]."〈br〉";

(11)　 print　"电子邮件:". $ _POST["std_mail"];

(12) ?〉

(13) 〈/body〉

(14) 〈/html〉

在如图 4—51 所示的窗口输入学号、电子邮箱，单击"提交"按钮，出现如图 4—52 所示的窗口。

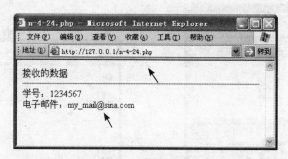

图 4—52　例 4—24 设计的网页程序文件的浏览结果

4.8.3　Spry 验证文本区域

1. Spry 验证文本区域的作用

表单的 Spry 验证文本区域是用来接收数据的表单元素。例如，很多网站提供的"留言"。"留言"可以设置必须输入 10 个汉字，接收的数据要符合格式要求，否则屏幕出现输入错误提示信息，这样可以保证浏览者输入的数据是有效的数据。

Spry 验证文本区域的验证特征可以参阅 Spry 验证文本域的验证特征，这里就不重复了。

2. 利用 Dreamweaver 软件建立表单的 Spry 验证文本区域

【例 4—26】　设计文件名是"n-4-26. html"的网页程序文件，建立表单的文本域接收学号、文本区域接收留言，单击"提交"按钮，处理数据的网页程序"n-4-26. php"显示输入的数据结果。

利用 Dreamweaver 软件建立网页的操作过程如下所述：

（1）建立"n-4-26. html"网页程序文件，设计表单及其属性。

（2）如图 4—53 所示，在 Dreamweaver 软件的"设计视图"中，将光标移动到"学号："后，选择菜单栏的"插入记录→Spry→Spry 验证文本域"选项，屏幕出现 Spry 验证文本域。

设置文本域的属性，在"文本域"位置输入"std_id"，表示该文本域的名称。

（3）在 Dreamweaver 软件的"设计视图"中，将光标移动到"留言："后，选择菜单栏的"插入记录→Spry→Spry 验证文本区域"选项，屏幕出现 Spry 验证文本区域。

设置文本区域的属性，在"文本区域"位置输入"std_note"，表示该文本区域的名称。

单击"Spry 文本区域：spr_note"设置属性。

1）Spry 文本区域的名称：设置成为"spr_note"。

2）必需的：设置成为被勾选。

3）预览状态：设置成为"必填"。设置提示信息"输入 10～50 个字符。"。

4）验证于：设置成为"onChange"，表示输入内容时进行验证。

5）最小字符数：设置成为 10。

6）最大字符数：设置成为 50。

7）计数器：勾选字符计数，用于显示输入的字符数。

（4）在 Dreamweaver 软件的"设计视图"中，选择菜单栏的"插入记录→表单→按钮"选项，屏幕出现"提交"按钮。这个操作的语句表示为：

〈input type = "submit" name = "button" value = "提交" /〉

例 4—26 设计的网页程序文件的浏览结果如图 4—54 所示。

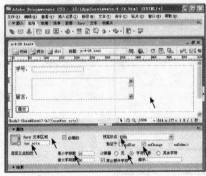
图 4—53　设计 Spry 文本区域及其属性

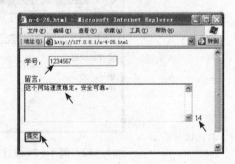
图 4—54　例 4—26 设计的网页程序文件的浏览结果

例 4—26 网页程序的语句如下：

（1）　〈html xmlns = "http://www. w3. org/1999/xhtml"〉

（2）　〈head〉

（3）　〈meta http-equiv = "Content-Type" content = "text/html; charset = utf-8" /〉

（4）　〈title〉n-4-26. html〈/title〉

（5）　〈script src = "SpryAssets/SpryValidationTextField. js"

（6）　　　　　type = "text/javascript"〉〈/script〉

（7）　〈script src = "SpryAssets/SpryValidationTextarea. js"

```
(8)                type = "text/javascript"></script>
(9)  <link href = "SpryAssets/SpryValidationTextField.css"
(10)              rel = "stylesheet" type = "text/css" />
(11) <link href = "SpryAssets/SpryValidationTextarea.css"
(12)              rel = "stylesheet" type = "text/css" />
(13) </head>
(14) <body>
(15) <form id = "form1" name = "form1" method = "post" action = "n-4-26.php">
(16)     <p>学号:<span id = "spr_id">
(17)     <label><input name = "std_id" type = "text" maxlength = "7" /></label>
(18)     <span class = "textfieldRequiredMsg">需要提供一个值.</span>
(19)     <span class = "textfieldMinCharsMsg">不符合最小字符数要求.</span>
(20)     <span class = "textfieldMaxCharsMsg">已超过最大字符数.</span>
(21)     <span class = "textfieldInvalidFormatMsg">学号为七位数字符号.</span></span></p>
(22)     <p>留言:<span id = "spr_note">
(23)     <label><textarea name = "std_note" cols = "45" rows = "5"></textarea>
(24)     <span id = "countsprytextarea1"> </span> </label>
(25)     <span class = "textareaRequiredMsg">输入 10 - 50 个字符.</span>
(26)     <span class = "textareaMinCharsMsg">不符合最小字符数要求.</span>
(27)     <span class = "textareaMaxCharsMsg">输入 10 - 50 个字符.</span></span></p>
(28)     <p><label><input type = "submit" name = "button" value = "提交" /></label></p>
(29) </form>
(30) <script type = "text/javascript">
(31) <!--
(32) var sprytextfield1 = new Spry.Widget.ValidationTextField
(33)   ("spr_id", "integer", {minChars:7, maxChars:7});
(34) var sprytextarea1 = new Spry.Widget.ValidationTextarea
(35)   ("spr_note", {counterType:"chars_count", counterId:
(36)   "countsprytextarea1", minChars:10, maxChars:50, validateOn:["change"]});
(37) //-->
(38) </script>
(39) </body>
(40) </html>
```

程序说明: 例 4—26 网页程序练习表单 Spry 验证文本区域的设计方法,根据设计要求定义 Spry 验证文本区域的属性,计算机自动产生网页程序的代码语句。浏览者在图 4—54 中输入学号、留言,单击"提交"按钮后,网页程序切换到 n-4-26.php 网页程序。

3. 利用 Dreamweaver 软件显示表单的 Spry 验证文本区域

【例 4—27】　设计文件名是 "n-4-26.php" 的网页程序文件,显示例 4—26 中 Spry 验证文本区域留言的内容。

在 Dreamweaver 软件的"代码视图"中输入下列程序语句:

```
(1)  <html xmlns = "http://www.w3.org/1999/xhtml">
(2)  <head>
```

(3) 〈meta http-equiv = "Content-Type" content = "text/html; charset = utf-8" /〉

(4) 〈title〉n-4-26. php〈/title〉

(5) 〈/head〉

(6) 〈body〉

(7) 接收的数据

(8) 〈hr〉

(9) 〈?php

(10) print "留言:";

(11) print $ _POST["std_note"];

(12) ?〉

(13) 〈/body〉

(14) 〈/html〉

在如图 4—54 所示的窗口输入学号、留言,单击"提交"按钮,出现图 4—55 所示的窗口。

图 4—55　例 4—27 设计的网页程序文件的浏览结果

4.8.4　Spry 验证复选框

1. Spry 验证复选框的作用

表单的 Spry 验证复选框是用来选择数据的表单元素。例如,网页页面列出的 5 个运动项目中,要求浏览者从中选择 2~4 个喜爱的项目,否则屏幕出现"输入错误"的提示信息,这样可以保证浏览者输入的数据是有效的数据。

Spry 复选框的验证特征可以参阅 Spry 验证文本域的验证特征,这里不再重复。

2. 利用 Dreamweaver 软件建立表单的 Spry 验证复选框

【例 4—28】　设计文件名是"n-4-28. html"的网页程序文件,建立表单的文本域接收学号、利用复选框显示运动项目,单击"提交"按钮,处理数据的网页程序"n-4-28. php"显示输入的数据结果。

利用 Dreamweaver 软件建立网页的操作过程如下所述:

(1) 建立"n-4-28. html"网页程序文件,设计表单及其属性。

(2) 如图 4—56 所示,在 Dreamweaver 软件的"设计视图"中,将光标移动到"学号:"后,选择菜单栏的"插入记录→Spry→Spry 验证文本域"选项,屏幕出现 Spry 验证文本域。

设置文本域的属性,在"文本域"位置输入"std_id",表示该复选框的名称。

(3) 在 Dreamweaver 软件的"设计视图"中,将光标移动到"喜爱的运动:"后,选择菜单栏的"插入记录→Spry→Spry 验证复选框"选项,屏幕出现 Spry 验证复选框。

设置复选框的属性,在"复选框"位置输入"spt",表示该复选框的名称。选择该构件设置属性。

1）Spry 复选框的名称和值：设置成为"spt_a"。

2）强制范围（多个复选框）：设置成为被勾选。

3）预览状态：设置成为"必填"。

4）验证于：设置成为"onChange"，表示输入内容时进行验证。

5）最小选择数：设置成为 2。

6）最大选择数：设置成为 4。

按照上述设置，依次增加喜爱的运动，包括游泳、爬山、跑步、散步、打球。复选框的名称分别为 spt_a、spt_b、spt_c、spt_d、spt_e。

（4）在 Dreamweaver 软件的"设计视图"中，选择菜单栏的"插入记录→表单→按钮"选项，屏幕出现"提交"按钮。这个操作的语句表示为：

〈input type = "submit" name = "button"　value = "提交" /〉

例 4—28 设计的网页程序文件的浏览结果如图 4—57 所示。

图 4—56　设计 Spry 验证复选框及其属性

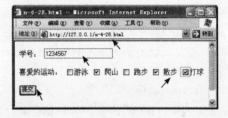

图 4—57　例 4—28 设计的网页程序文件的浏览结果

例 4—28 网页程序的语句如下：

(1)　〈html xmlns = "http://www.w3.org/1999/xhtml"〉

(2)　〈head〉

(3)　〈meta http-equiv = "Content-Type" content = "text/html; charset = utf-8" /〉

(4)　〈title〉n-4-28.html〈/title〉

(5)　〈script src = "SpryAssets/SpryValidationTextField.js"

(6)　　　type = "text/javascript"〉〈/script〉

(7)　〈script src = "SpryAssets/SpryValidationCheckbox.js"

(8)　　　type = "text/javascript"〉〈/script〉

(9)　〈link href = "SpryAssets/SpryValidationTextField.css"

(10)　　　rel = "stylesheet" type = "text/css" /〉

(11)　〈link href = "SpryAssets/SpryValidationCheckbox.css"

(12)　　　rel = "stylesheet" type = "text/css" /〉

(13)　〈/head〉

(14)　〈body〉

(15)　〈form id = "form1" name = "form1" method = "post" action = "n-4-28.php"〉

(16)　　〈p〉学号：〈span id = "sprytextfield1"〉

(17)　　〈label〉〈input name = "std_id" type = "text" maxlength = "7"/〉〈/label〉

(18)　　〈span class = "textfieldRequiredMsg"〉需要提供一个值.〈/span〉

(19)　〈span class = "textfieldMinCharsMsg"〉不符合最小字符数要求.〈/span〉

(20)　〈span class = "textfieldMaxCharsMsg"〉已超过最大字符数.〈/span〉

(21)　〈span class = "textfieldInvalidFormatMsg"〉学号为七位数字符号.

(22)　〈/span〉〈/span〉〈/p〉

(23)　喜爱的运动:〈span id = "spt"〉

(24)　〈label〉〈input name = "spt_a" type = "checkbox" value = "游泳"/〉游泳

(25)　〈input name = "spt_b" type = "checkbox" value = "爬山" /〉爬山

(26)　〈input name = "spt_c" type = "checkbox" value = "跑步"/〉跑步

(27)　〈input name = "spt_d" type = "checkbox" value = "散步"/〉散步

(28)　〈input name = "spt_e" type = "checkbox" id = "spt_e" value = "打球" /〉打球

(29)　〈span class = "checkboxMinSelectionsMsg"〉至少选择 2 项.〈/span〉

(30)　〈span class = "checkboxMaxSelectionsMsg"〉最多选择 4 项.〈/span〉〈/span〉

(31)　〈span class = "checkboxMinSelectionsMsg"〉不符合最小选择数要求.〈/span〉

(32)　〈span class = "checkboxMaxSelectionsMsg"〉已超过最大选择数.〈/span〉

(33)　〈span class = "textfieldRequiredMsg"〉需要提供一个值.〈/span〉

(34)　〈span class = "checkboxMinSelectionsMsg"〉不符合最小选择数要求.〈/span〉

(35)　〈span class = "checkboxMaxSelectionsMsg"〉已超过最大选择数.〈/span〉

(36)　〈span class = "checkboxMinSelectionsMsg"〉不符合最小选择数要〈/span〉

(37)　〈p〉〈input type = "submit" name = "button"　value = "提交"/〉〈/p〉

(38)　〈/form〉

(39)　〈p〉 〈/p〉

(40)　〈script type = "text/javascript"〉

(41)　〈! --

(42) var sprytextfield1 = new Spry. Widget. ValidationTextField

(43)　("sprytextfield1", "integer", {minChars:7, maxChars:7});

(44) var sprycheckbox1 = new Spry. Widget. ValidationCheckbox

(45)　("spt", {isRequired:false, minSelections:2, maxSelections:4});

(46) var sprycheckbox2 = new Spry. Widget. ValidationCheckbox

(47)　("sprycheckbox2", {isRequired:false, minSelections:2, maxSelections:4});

(48) var sprytextfield2 = new Spry. Widget. ValidationTextField("sprytextfield2");

(49) var sprycheckbox3 = new Spry. Widget. ValidationCheckbox

(50)　("sprycheckbox3", {isRequired:false, minSelections:2, maxSelections:4});

(51) var sprycheckbox4 = new Spry. Widget. ValidationCheckbox

(52)　("sprycheckbox4", {isRequired:false, minSelections:2, maxSelections:4});

(53) var sprycheckbox5 = new Spry. Widget. ValidationCheckbox

(54)　("sprycheckbox5", {isRequired:false, minSelections:2, maxSelections:4});

(55)　// -- 〉

(56)　〈/script〉

(57)　〈/body〉

(58)　〈/html〉

　　程序说明：例 4—28 网页程序主要练习表单 Spry 验证复选框的设计方法，根据设计要求定义 Spry 验证复选框的属性，计算机自动产生网页程序的代码语句。浏览者在图 4—57 输入学号、喜爱的运动，单击"提交"按钮后，网页程序切换到 n-4-28.php 网页程序。

3.　利用 Dreamweaver 软件显示表单的 Spry 验证复选框

【例 4—29】　设计文件名是"n-4-28.php"的网页程序文件，显示例 4—28 中 Spry 验证复选框的内容。

在 Dreamweaver 软件的"代码视图"中输入下列程序语句：

(1)　〈html xmlns = "http://www.w3.org/1999/xhtml"〉

(2)　〈head〉

(3)　〈meta http-equiv = "Content-Type" content = "text/html; charset = utf-8" /〉

(4)　〈title〉n-4-28.php〈/title〉

(5)　〈/head〉

(6)　〈body〉

(7)　接收的数据

(8)　〈hr〉

(9)　〈?php

(10)　print "学号:"; print $_POST["std_id"];

(11)　print "〈br〉喜爱的运动:";

(12)　if (!empty($_POST["spt_a"]))

(13)　　print $_POST["spt_a"]; print " ";

(14)　if (!empty($_POST["spt_b"]))

(15)　　print $_POST["spt_b"]; print " ";

(16)　if (!empty($_POST["spt_c"]))

(17)　　print $_POST["spt_d"]; print " ";

(18)　if (!empty($_POST["spt_d"]))

(19)　　print $_POST["spt_d"]; print " ";

(20)　if (!empty($_POST["spt_e"]))

(21)　　print $_POST["spt_e"]; print " ";

(22)　?〉

(23)　〈/body〉

(24)　〈/html〉

在如图 4—57 所示的窗口输入学号、喜爱的运动，单击"提交"按钮，出现如图 4—58 所示的窗口。

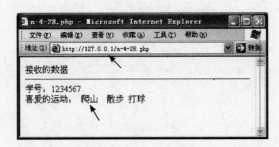

图 4—58　例 4—29 设计的网页程序文件的浏览结果

思考题

1. 说明网页程序、网页页面、网站之间的关系。
2. 说明网页程序设计语言的作用。
3. 完成例 4—1，掌握建立网页程序的过程。
4. 说明网页程序的框架结构。
5. 说明网页程序〈body〉标签的使用方法。
6. 说明网页程序段落标签、换行标签、空格标签的使用方法。
7. 说明网页程序水平线标签的使用方法。
8. 说明网页程序文字修饰标签的使用方法。
9. 说明网页程序滚动字幕标签的使用方法。
10. 说明网页程序表格标签的使用方法。
11. 说明网页程序超级链接标签的使用方法。
12. 说明网页程序图片标签的使用方法。
13. 说明网页程序表单的作用。
14. 说明表单有哪些元素。
15. 设计表单注意的问题是什么？
16. 说明网页程序文本域标签的使用方法。
17. 说明网页程序单选按钮标签的使用方法。
18. 说明网页程序复选框标签的使用方法。
19. 说明网页程序列表/菜单标签的使用方法。
20. 说明网页程序文本区域标签的使用方法。
21. 说明网页程序表单验证技术有什么作用。
22. 说明网页程序 Spry 验证文本域的使用方法。
23. 说明网页程序 Spry 验证文本区域的使用方法。
24. 说明网页程序 Spry 验证复选框的使用方法。

第 5 章　PHP 网页程序设计语言

PHP 技术是设计动态网页程序的重要技术。编程人员利用 PHP 技术可以设计出对数据加工的网页程序，完成客户端与网站服务器端的交互数据处理。

本章介绍利用 PHP 技术设计动态网页程序的基本知识，主要内容包括：PHP 程序设计语言概述；数据类型、变量、运算符、表达式、数组、函数的使用；PHP 程序设计语言的流程控制；利用 PHP 技术设计简单的应用程序。

【要点提示】

1. 了解 PHP 技术主要完成的工作以及设计网页程序的基本知识。
2. 掌握 PHP 程序设计语言的变量、运算符、表达式、函数的应用。
3. 掌握 PHP 程序设计语言的流程控制，会设计简单的应用程序。

5.1　PHP 网页程序设计语言概述

5.1.1　PHP 技术基础

1. PHP 技术简介

互联网能够完成客户端与计算机服务器端的数据信息交互加工，就是因为有动态网页程序设计技术的支持。目前可以采用 ASP、JSP、PHP 技术设计加工数据的网页程序。由于应用 PHP 技术设计动态网页程序简洁方便，系统运行时占用的资源少，所以 PHP 技术是目前设计网页程序的常用方法。

要想利用 PHP 程序设计语言设计网页，需要在网站的计算机服务器中安装 PHP 软件，否则无法设计和运行 PHP 程序。应用 PHP 程序设计语言设计的动态网页程序是由语句组成的，PHP 网页程序中的语句既包括 HTML 标签语句又包括 PHP 脚本语句。关于 HTML 标签语句编写网页程序的规范前面已经介绍，本章主要介绍 PHP 程序设计语言编写程序的规范。

2. PHP 技术主要完成的工作

应用 PHP 技术设计网页程序可以完成加工数据的工作，主要包括以下几个方面的内容：

(1) 检测客户端输入的数据。

在网络的相关应用中，例如注册网站的应用、申请邮箱的应用、商务网站购物的应用，这些网站提供的网络程序要求浏览者输入自己的客户信息，网站则可以把浏览者输入的数据，通过网络最终保存在网站服务器的数据库中。

由于浏览者输入的数据具有随意性，所以需要网站的技术人员利用 PHP 技术设计网页程

109

序，检测浏览者输入数据的规范性和有效性。

（2）加工网站的数据。

网站主要用于存储客户输入的信息。网站接收到数据后，数据被保存到网站需要与数据库、数据表关联，这样才能把数据保存到网站的数据库中。存储在网站的数据需要进行增加、删除、修改、查找、统计等加工工作。所以利用 PHP 技术设计网页程序，网站的技术人员才可以完成网站数据的加工工作。

（3）传送网站的数据到客户端。

浏览者利用网站可以检索到自己需要的数据，网站的大量数据在显示时，需要以一定格式显示到浏览者的页面上，所以应用 PHP 技术设计显示数据的网页程序。

总之，PHP 技术可以完成网站的数据加工的工作，目前很多网站采用 PHP 技术设计网页程序。

5.1.2　PHP 网页程序的格式

PHP 网页程序文件的扩展名是".php"，程序中包括 HTML 标签语句和 PHP 语句，按照第 2 章介绍的内容网页程序必须存储在"E:\AppServ\www\"文件夹中，这样在浏览器软件的地址栏输入 PHP 网页程序的文件名后，可以浏览 PHP 的网页页面。

【例 5—1】　设计文件名是"n-5-1.php"的网页程序，在网页页面出现"欢迎学习 PHP 程序设计知识"的标题，屏幕显示"现在时刻：x 年 x 月 x 日 x 时 x 分 x 秒"的提示。

例 5—1 网页程序的语句如下：

```
(1)  〈html xmlns = "http://www.w3.org/1999/xhtml"〉
(2)  〈head〉
(3)  〈meta http-equiv = "Content-Type" content = "text/html; charset = utf-8" /〉
(4)  〈title〉n-5-1.php〈/title〉
(5)  〈/head〉
(6)  〈body〉
(7)  〈p align = "center"〉欢迎学习 PHP 程序设计知识〈/p〉
(8)  〈hr /〉
(9)  〈?php  /＊php 语句块 ＊/
(10)    print "现在时刻：" ;
(11)    print date("Y 年 m 月 d 日 H 时 i 分 s 秒 A") ;
(12)  ?〉
(13)  〈/body〉
(14)  〈/html〉
```

例 5—1 网页程序的浏览结果如图 5—1 所示。

程序说明： 从例 5—1 可以看出，PHP 网页程序包括 HTML 标签语句和 PHP 语句。

第（7）～（8）条属于 HTML 标签语句。

第（9）～（12）条"〈? php…?〉"是 PHP 程序的标签块。本章介绍的语句应当写在 PHP 语句块中。根据算法逻辑的复杂程度，在一个网页程序中可以出现多个 PHP 语句块。

第（9）条的"/＊…＊/"语句是 PHP 技术的注释语句。

第（10）条的"print…"语句是 PHP 技术的显示打印语句。

注释语句起到说明的作用，应当注意网页程序中注释语句所在的位置。如果注释的内容

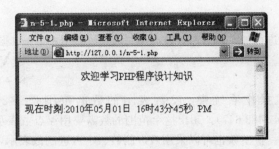

图 5—1　例 5—1 网页程序的浏览结果

在 PHP 语句块的内部，那么应当用 PHP 的注释语句（/ * … * /）。如果要注释的内容在 PHP 语句块的外部，那么应当用 HTML 的注释语句(〈! ——…—〉)。

5.1.3　PHP 网页程序的规范

设计 PHP 网页程序文件需要遵守以下设计规范：

(1) PHP 语句必须写在 PHP 语句块"〈? PHP…?〉"中。

(2) 每条语句必须用分号（";"）结束。

(3) 一行可以写多条语句。

(4) 网页程序中的语句标点符号，必须采用英文符号。

5.1.4　PHP 语句块

PHP 网页程序的语句是嵌入到 HTML 网页程序标签中的。所以设计网页程序时，在网页程序中加入 PHP 的开始标签和结束标签，就构成了 PHP 标签块。

PHP 网页程序的语句块的格式：〈? php…?〉

为了节省版面，本章后面介绍的例题中只给出 PHP 网页程序的 PHP 语句块部分，完整的 PHP 网页程序结构参见例 5—1。

5.1.5　PHP 网页程序的注释

在设计网页程序时，为了便于阅读程序，PHP 网页程序中可以出现注释语句。在 PHP 网页程序中注释语句可以采用以下两种方式：

(1) / *　多行注释语句　　* /。　注释的内容可以占多行。

(2) // 一行注释语句　　　。　注释的内容只能占一行。

这里多行注释语句是指注释的内容可以折行。

5.2　PHP 语言的数据类型、变量、运算符、表达式

利用 PHP 技术设计网页程序，需要学习编写程序的基本知识，设计程序时应当区分数据类型，灵活运用变量、运算符、表达式解决数据加工的问题，只有按照规范书写程序语句才能设计出高效的 PHP 网页程序。

5.2.1　PHP 语言的数据类型

数据类型是指数据的分类形式，各种类型的数据存储格式不同，表示方法、处理方法也不同。简单来说，PHP 处理的数据分为数值型数据、字符型数据、布尔型数据。

1. 数值型数据

数值型数据是可以进行加、减、乘、除等算术运算的。数值型数据是指正数、负数，可以是整数也可以是小数。

（1）整型数。

在 32 位的计算机操作系统中，整数表示的数的范围是 $-2^{32} \sim (+2^{32}-1)$（即 $-2\,147\,483\,648 \sim +2\,147\,483\,647$），超出这个范围的数需要用浮点数表示。如果没有特殊的说明，整型数是十进制数。整型数也可以采用八进制数、十六进制数表示，见表 5—1。

表 5—1 不同进制数的表示

进制	修饰符	示例	说明
十进制	缺省	$a=123	变量 $a 是十进制数 123
八进制	0	$b=077	变量 $b 是八进制数 77，等于十进制数 63
十六进制	0X	$c=0xab	变量 $c 是十六进制数 ab，等于十进制数 171

（2）浮点数。

浮点数用来表示带小数点的数，属于数值型数据。

在 PHP 技术中，采用 $x=\pm a\mathrm{E}\pm n$ 的形式表示浮点数，其中 a 是尾数部分，由 1 位整数和若干位小数组成，n 是指数部分。例如，数值"123 456 789"可以表示成为尾数是"1.234 567 89"、指数是"8"的形式，即 $x=1.234\,567\,89\times10^8$。PHP 语句中表示的方法是：$x=1.234\,567\,89\mathrm{E}+08$。

浮点数表示的数的范围是 $1.7\mathrm{E}-308 \sim 1.7\mathrm{E}+308$（即 $1.7\times10^{-308} \sim 1.7\times10^{308}$）。

2. 字符型数据

（1）普通字符。

字符型数据是由字母、数字和特殊符号组成的，给字符型数据赋值要用""（双引号）或''（单引号）引起来。例如：

```
<?php $str1 = "name";  $str2 = '张三'; $str3 = $str1. $str2;  ?>
```

利用"."（点）连接符号，表示两个字符串连接，这里 $str3 是 $str1 与 $str2 连接的结果，即"name 张三"。

（2）特殊字符。

在设计 PHP 网页程序时有些符号是程序的保留字符号，例如 *、/、\、$、;等。这些符号在程序的语句中有特殊的含义，如果把这些符号当作普通字符处理（例如要在屏幕上显示这些符号），那么需要用转义符号"\"将其转换。下列语句是转义符号的应用方法：

```
<?php $c1 = "\$"; print $c1;
      $c2 = "\\"; print $c2;
      $c3 = "\*"; print $c3;
      $c4 = "\""; print $c4;    ?>
```

这里 $c1 的结果是"$"，$c2 的结果是"\"，$c3 的结果是"*"，$c4 的结果是"""。

3. 布尔型数据

布尔型数据是"1"（表示 true）或"0"（表示 false）。给布尔型数据赋值时必须用 true 表示，是不能用 1 或 0 表示，因为用 1 或 0 表示，与整数混淆。例如：

```
<?php $ t = true; print $ t;
      $ f = ! $ t;  print $ f;    ?>
```

这里 $ t 是布尔型数据，打印输出的结果是 1。$ f 是空值。

5.2.2　PHP 语言的变量

变量是用来存储数据的单元，变量由变量名和变量值组成。变量包括自定义变量和系统变量，变量是程序处理的对象，网页程序通过变量名找到变量值，以便加工处理数据。

1. 变量

(1) 变量名。

变量必须予以命名，给变量命名要符合变量命名的规则，做到见名知意。所有变量名的首字母必须是"$"符号，第 2 个字符不能是数字符号，但可以是"_"（下划线）或字母，其他字符是字母。变量名中尽量避免使用汉字、标点符号。

例如，$ name、$ _id、$ stu_id、$ a1 是合法的变量名，name、$ 1_book 是非法的变量名。

例如，如果要计算两个数的和，需要设置 3 个变量即 $ a、$ b、$ c，其中 $ a、$ b 分别保存任意两个数值，$ c 保存 $ a 加 $ b 的结果。

(2) 变量值。

变量值是变量中存储的数据，变量值要严格区分数据类型。变量值有以下几种来源：

1) 通过赋值语句设定变量值。

$ book_name = "网络信息管理系统"

$ book _ name 的值用引号定界所以是字符串变量。

$ age = 25

表示 $ age 是数值数据。

2) 经过程序处理得到变量值。

```
<?php $ a1 = 123; $ a2 = 456;     ?>
```

表示 $ a1、$ a2 是数值数据。

$ a3 = "网络数据库应用技术"; $ a4 = "欢迎学习";

表示 $ a3、$ a4 是字符数据。

```
<?php $ c = $ a + $ b;  ?>
```

表示 $ c 是 $ a 与 $ b 的和，结果是 579。

```
<?php $ d = "你好!". $ a4. $ a3   ?>
```

表示 $ d 是"你好"、$ a4、$ a3 连接运算，$ d 的结果是"你好! 欢迎学习网络数据库应用技术"。这里用到了字符串操作运算符"."，表示两个字符串进行连接操作。

3) 利用 rand () 随机数函数得到变量值。

```
<?php $ a1 = rand();  ?>
```

表示 $ a1 是计算机随机产生的一个数值数据。

2. 预定义变量

预定义变量也称作是系统变量，这些变量的值是 PHP 系统运行时刻的环境参数，使用系统变量时，需要区分变量名字母的大写、小写。系统变量有很多，下面列举几种。

$ _POST["变量名"]

表示客户端利用表单元素以 POST 方式传递到网站的变量值。

$ _GET["变量名"]

表示客户端利用表单元素以 GET 方式传递到网站的变量值。

PHP_OS

PHP 的解析器版本信息。

PHP_VERSION

PHP 的版本号的信息。

3. 数组变量

数组变量是具有名称的带下标的变量。数组变量利用下标处理数据单元非常方便，后面将具体介绍数组的操作。

5.2.3　PHP 语言的运算符

运算符是变量间进行运算的操作符号。这里介绍 PHP 程序设计语言提供的常用运算符。

1. 算术运算符

算术运算符是针对数值型数据进行操作的符号，操作的结果是数值。常用的算术运算符见表 5—2。

表 5—2　　　　　　　　　　　　　　常用的算术运算符

符号	说明	符号	说明
＋	加法运算，$c=$a+$b，$c 的结果是 35	－	减法运算，$c=$a-$b，$c 的结果是 25
＊	乘法运算，$c=$a*$b，$c 的结果是 150	/	除法运算，$c=$a/$b，$c 的结果是 6
％	取余数运算，$c=$a%$b，$c 的结果是 0	＊＊	幂运算，$c=$b**2，$c 的结果是 25

注：这里 $a=30，$b=5。

2. 关系运算符

关系运算符表示数据处理的关系是否成立，操作的结果是布尔值，采用实际值"1"或空值表示。常用的关系运算符见表 5—3。

表 5—3　　　　　　　　　　　　　　常用的关系运算符

符号	说明	示例	说明
＝＝	全等比较	$a==$b	如果 $a 与 $b 相等，那么结果是"1"，否则结果是空值
！＝	不等于	$a!=$b	如果 $a 不等于 $b，那么结果是"1"，否则结果是空值
＞	大于	$a>$b	如果 $a 大于 $b，那么结果是"1"，否则结果是空值
＞＝	大于等于	$a>=$b	如果 $a 大于等于 $b，那么结果是"1"，否则结果是空值
＜	小于	$a<$b	如果 $a 小于 $b，那么结果是"1"，否则结果是空值
＜＝	小于等于	$a<=$b	如果 $a 小于等于 $b，那么结果是"1"，否则结果是空值

3. 逻辑运算符

逻辑运算操作的结果是布尔值，采用实际值"1"或空值表示。常用的逻辑运算符见表
5—4。

表 5—4　　　　　　　　　　　　　　　　常用的逻辑运算符

符号 1	符号 2	说明	示例	说明
not	！	非运算	！$a	如果 $a 是"1"，那么示例的结果是空值 如果 $a 是空值，那么示例的结果是"1"
or	‖	或运算	$a‖$b	如果 $a 或 $b 任一是"1"，那么结果是"1"，否则结果是空值
and	&&	与运算	$a && $b	如果 $a 和 $b 都是"1"，那么结果是"1"，否则结果是空值
xor		异或运算	$a xor $b	如果 $a 和 $b 不相同，那么示例结果是"1"，否则示例的结果是空值

4. 组合赋值运算符

组合赋值运算符是一种灵活运算符号用法见表 5—5。

表 5—5　　　　　　　　　　　　　　　　组合赋值运算符

运算符	说明	示例	展开式
＋＝	加法操作	$a＋＝10	$a＝$a＋10
－＝	减法操作	$a－＝10	$a＝$a－10
＊＝	乘法操作	$a＊＝10	$a＝$a＊10
/＝	除法操作	$a/＝10	$a＝$a/10
%＝	取余数操作	$a%＝10	$a＝$a%10
.＝	字符连接操作	$a.＝"ab"	$a＝$a."ab"
＋＋	加 1 操作	$a＋＋	$a＝$a＋1
－－	减 1 操作	$a－－	$a＝$a－1

5.2.4　PHP 语言的表达式

表达式是由常量、变量、函数及运算符组成。利用表达式可以加工数据，表达式的结果
可以保存到一个变量中。表达式中加工数据时必须是相同的数据类型，否则不能得到结果。

1. 赋值表达式

赋值表达式用来给变量赋值。其中变量名在等号（＝）的左侧，变量值在等号的右侧。例如：

〈?php $a1 = 123; $a2 = 456; $a3 = 2 * $a1 + $a2; ?〉

2. 算术表达式

算术表达式要求变量的数据类型必须是数值型数据。

【例 5—2】　设计文件名是"n-5-2.php"的网页程序，练习算术表达式的使用。

```
(1)  〈?php
(2)    $a1 = 123;  $a2 = 456;   /* 将数值 123 赋给变量 $a1,数值 456 赋给变量 $a2. */
(3)    $a3 = 2 * $a1 + $a2;    /* 将算术表达式的结果保存到 $a3. */
(4)    $a4 = $a3/7;           /* $a4 是 $a3 除以 7 的结果. */
(5)    $a5 = $a3 % 7;         /* $a5 是 $a3 除以 7 所得到的余数的结果. */
```

115

```
(6)     print "a1 = "; print $ a1; print "<br>";
(7)     print "a2 = "; print $ a2; print "<br>";
(8)     print "a3 = "; print $ a3; print "<br>";
(9)     print "a4 = "; print $ a4; print "<br>";
(10)    print "a5 = "; print $ a5;
(11) ?>
```

程序说明： 请思考变量赋值、运算和显示变量值的方法。print "<br>"语句是显示换行的方法。例5—2网页程序的浏览结果如图5—2所示。

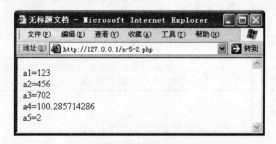

图5—2 例5—2网页程序的浏览结果

3. 字符表达式

字符表达式要求变量的数据类型必须是字符型数据。利用字符表达式可以对字符串进行连接、取子串、计算字符长度、查找字符串等加工。

5.3 PHP语言的数组

5.3.1 数组的定义

数组是带有下标的变量，数组由数组名和下标组成。数组名任意设定，数组下标是0，1，2，…。例如，$d[5]$、$d[3][3]$是数组变量，根据数组的下标将数组设定成为一维数组和多维数组，其中$d[5]$是一维数组，$d[3][3]$是二维数组。

例如，数组变量$d[5]$表示定义$d[5]$是一维数组变量。其中"d"是数组名，"[5]"是数组下标。由于$d[5]$只有一个下标，所以$d[5]$是一维数组，共有5个单元，分别是$d[0]$、$d[1]$、$d[2]$、$d[3]$、$d[4]$。使用数组变量可以通过下标的变换定义多个变量单元，这样程序处理变量比较方便。

同理，$d[3][3]$，表示定义d成为二维数组，因为d有两个下标[3][3]，共有9个单元，分别是$d[0][0]$、$d[0][1]$、$d[0][2]$、$d[1][0]$、$d[1][1]$、$d[1][2]$、$d[2][0]$、$d[2][1]$、$d[2][2]$。

5.3.2 数组的赋值

常用的定义数组方法有以下几种。

1. 利用赋值语句定义数组

下列语句表示定义数组$d[3]$并设定初始值：

```
<?php $ d[0] = 11; $ d[1] = 22; $ d[2] = 33;  ?>
```

表示 $d[]$ 是 3 个单元的数组。每个单元都存储了数值型的初值。

〈?php $city[0] = "北京"; $city[1] = "大连"; $city[2] = "深圳"; $city[3] = "青岛";　?〉

表示 $city[]$ 是 4 个单元的数组。每个单元都存储了字符型的初值。

2．利用 array（　）函数定义数组

〈?php $d = array(11, 22, 33);　?〉

此时 $d[]$ 共 3 个单元，其中 $d[0]$＝11、$d[1]$＝22、$d[2]$＝33。

〈?php $city = array("北京", "大连", "深圳", "青岛");　?〉

此时 $city[]$ 共 4 个单元，其中 $city[0]$＝"北京"、$city[1]$＝"大连"、$city[2]$＝"深圳"、$city[3]$＝"青岛"。

定义二维数组 $dd[3][3]$ 并赋值的方法是：

〈?php $dd = array(array(10, 20, 30), array(40, 50, 60), array(70, 80, 90));?〉

说明：这里 dd 缺省了下标，但实际是二维数组变量，因为使用了 array（　）函数说明。

5.3.3　数组的操作函数

PHP 程序设计语言提供了对数组操作的函数，设计网页程序时，利用这些函数可以灵活地加工数组中的数据。

（1）显示数组的值。

格式：print_r（数组变量名）

下列语句显示数组 d 的结果：

〈?php　$d = array(11, 22, 33); print_r($d); ?〉

（2）计算数组元素的个数。

格式：count（数组变量名）

下列语句显示数组 d 元素的个数：

〈?php $d = array(11, 22, 33); print　count($d);?〉

（3）计算数值数组元素的总和。

格式：array_sum（数组变量名）

下列语句计算数组 d 的元素的总和：

〈?php $d = array(11, 22, 33); print array_sum($d); ?〉

（4）对数组元素进行升序排序。

格式：asort（数组变量名）

下列语句对数组 d 的元素进行升序排序：

〈?php $d = array(11, 22, 33);　asort($d); print_r($d)?〉

（5）对数组元素进行降序排序。

格式：rsort（数组变量名）

下列语句对数组 d 的元素进行降序排序：

〈?php $d = array(11, 22, 33);　rsort($d); print_r($d)?〉

【例5—3】 设计文件名是"n-5-3.php"的网页程序，学习数组的使用。

例5—3网页程序的语句如下：

```php
(1)   <?php
(2)       $d = array(11,22,33);  //定义一维数值数组并设定初始值.
(3)       $city = array("北京","大连","深圳","青岛");  //定义一维字符数组并设定初始值.
(4)       /*定义$dd[3][3]二维数组并设定初始值.*/
(5)       $dd = array(array(10,20,30),array(40,50,60),array(70,80,90));
(6)       /*显示数组\$city的结果*/
(7)       print "<BR>1、显示数组\$city的结果:"; print_r($city);
(8)       print "<BR>2、显示数组\$city的单元个数:";print count($city);
(9)       print "<BR>3、显示数组\$d的结果:"; print print_r($d);
(10)      print "<BR>4、显示数组\$d的单元个数:"; print count($d);
(11)      print "<BR>5、显示数组\$d的总和:"; print array_sum($d);
(12)      print "<BR>6、显示数组\$dd的结果:<BR>";
(13)      $d_sum = 0;
(14)      for ($i = 0; $i<3; $i++){
(15)        for ($j = 0; $j<3; $j++){
(16)            print $dd[$i][$j]; print "   ";
(17)            $d_sum = $d_sum + $dd[$i][$j];
(18)        }
(19)        print "<BR>";  /*换行显示*/
(20)      }
(21)      print "<BR>7、显示数组\$dd的总和:  $d_sum";
(22)      print "<BR>8、asort函数对数组\$d升序排序后的结果:<BR>";
(23)      asort($d); print print_r($d);
(24)      print "<BR>9、rsort函数对数组\$d降序排序后的结果:<BR>";
(25)      rsort($d); print print_r($d);
(26)  ?>
```

例5—3程序的浏览结果如图5—3所示。

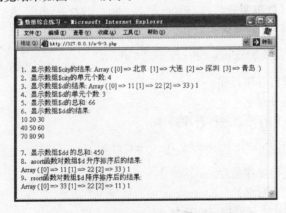

图5—3 例5—3网页程序的浏览结果

5.4　PHP 语言常用的内部函数

5.4.1　函数概述

1. 函数

函数是由 PHP 系统提供的或自行设计的、对数据加工处理的功能模块。每个函数有函数名，设计网页程序时通过函数名调用函数。

2. 函数的分类

函数包括 PHP 系统内部函数和自定义函数两类。PHP 提供了大量的功能强大的系统内部函数，具体内容可以参见相关手册。在使用函数时，通过调用函数名和函数参数后，函数的语句进行处理并得到函数的结果。调用函数的格式：

$ result = function_name($ arg1, $ arg2, …)

5.4.2　输出函数、程序中断函数、文件包含函数

（1）输出函数。

echo、print 函数是显示输出函数，用于显示一个或多个变量的值。格式为：

echo 〈字符串 1〉,〈变量 1〉, … ,〈字符串 n〉

print 〈字符串 1〉

（2）中断程序函数。

die、exit 函数是中断函数，遇到 die 或 exit 函数后，计算机出现提示信息，然后结束程序。格式为：

die 　　("提示信息")

exit 　　("提示信息")

（3）文件包含函数。

include 函数是文件包含函数，用于将一个已经存在的网页程序语句调入到正在运行的程序中执行，这个函数可以实现不同网页程序间的数据交换。格式为：

include 〈文件名〉

例如，已经建立了 p1. php、p2. php 和 p3. php 网页程序。现在建立 p0. php 网页程序，根据处理逻辑在 p0. php 网页程序，依次处理 p2. php、p3. php 和 p1. php 网页程序。这样在 p0. php 网页程序的语句中，需要有下列语句：

〈?php include "p2. php"; include "p3. php"; include "p1. php"; ?〉

5.4.3　判断变量类型的函数

PHP 的数据分成不同数据类型。利用以下函数可以判断变量所属的数据类型。

（1）empty（　）函数。

格式为：

empty(变量名)

119

判断变量是否是空值的函数。如果变量是空值，那么返回结果是布尔型数据"1"，否则返回结果是布尔型数据空值。

（2）var_dump（ ）函数。

格式为：

```
var_dump(变量名)
```

判断变量的数据类型的函数。返回结果是变量的数据类型和存储的值。

（3）is_numeric（ ）函数。

格式为：

```
is_numeric(变量名)
```

判断变量是否是数值类型的数据。如果变量是数值类型的数据，那么返回结果是布尔型数据"1"，否则返回结果是布尔型数据空值。

（4）is_float（ ）函数。

格式为：

```
is_float(变量名)
```

判断变量是否是浮点数类型的数据。变量是浮点数类型的数据，那么返回结果是布尔型数据"1"，否则返回结果是布尔型数据空值。

（5）is_string（ ）函数。

格式为：

```
is_string(变量名)
```

判断变量是否是字符串类型的数据。如果变量是字符类型的数据，那么返回结果是布尔型数据"1"，否则返回结果是布尔型数据空值。

（6）is_bool（ ）函数。

格式为：

```
is_bool(变量名)
```

判断变量是否是逻辑类型的数据。如果变量是逻辑类型的数据，那么返回结果是布尔型数据"1"，否则返回结果是布尔型数据空值。

（7）is_array（ ）函数。

格式为：

```
is_array(变量名)
```

判断变量是否是数组类型的数据。如果变量是数组类型的数据，那么返回结果是布尔型数据"1"，否则返回结果是布尔型数据空值。

（8）isset（ ）函数。

格式为：

```
isset(变量名)
```

判断变量是否被定义。如果变量被设置了数据，那么返回结果是布尔型数据"1"，否则返回结果是布尔型数据空值。

【例 5—4】　设计文件名是"n-5-4.php"的网页程序，练习变量处理函数的使用。

例 5—4 网页程序的语句如下：

```
(1)  <?php
(2)  /* 变量赋初值 */
(3)  $str1 = "网络数据库应用技术";
(4)  $d1 = 12345; $d2 = 2e + 9;
(5)  $t1 = true;
(6)  $a = array(12,34,56);
(7)  /* 显示变量的数据类型和初值 */
(8)  print "<BR>1、\ $str1 的数据类型是:"; print var_dump( $str1);
(9)  print "<BR>2、\ $d1 的数据类型是:"; print var_dump( $d1);
(10) print "<BR>3、\ $d2 的数据类型是:"; print var_dump( $d2);
(11) print "<BR>4、\ $c1 的数据类型是:"; print var_dump( $t1);
(12) print "<BR>5、\ $a 的数据类型是:"; print var_dump( $a);
(13) /* 显示变量的数据类型是否为指定的类型,结果是"1"表示"是" */
(14) print "<BR>6、\ $str1 的数据类型是否为字符串:"; print is_string( $str1);
(15) print "<BR>7、\ $d1 的数据类型是否为整数:";   print is_numeric( $d1);
(16) print "<BR>8、\ $d2 的数据类型是否为符点数:"; print is_float( $d2);
(17) print "<BR>9、\ $t1 的数据类型是否为逻辑值:"; print is_bool( $t1);
(18) print "<BR>10、\ $a 的数据类型是否为数组:";   print is_array( $a);
(19) /* 显示变量是否被定义,结果是"1"表示"是" */
(20) print "<BR>11、\ $a 的变量是否被定义:"; print isset( $a);
(21) print "<BR>12、\ $str1 的变量是否被定义:"; print isset( $str1);
(22) /* 显示变量是否被定义,结果是"1"表示"是" */
(23) print "<BR>13、\ $a 的变量是否不为空:"; print !empty( $a);
(24) print "<BR>14、\ $str1 的变量是否不为空:"; print !empty( $str1);
(25) ?>
```

程序说明：例 5—4 练习变量赋值（第（3）～（6）条语句）、显示（第（8）～（12）条语句）以及如何判断变量数据类型（第（14）～（24）条语句）的操作。

例 5—4 网页程序的浏览结果如图 5—4 所示。

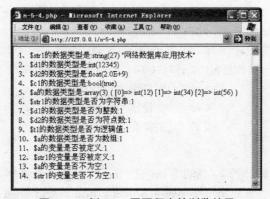

图 5—4　例 5—4 网页程序的浏览结果

5.4.4 字符操作函数

PHP 系统提供以下用于字符变量数据处理的函数。

（1）strtolower（　）函数——用于将字符串中的字母变为小写字母。

格式为：

strtolower（$string1)

将 $string1 中的字母变为小写字母。

（2）strtoupper（　）函数——用于将字符串中的字母变为大写字母。

格式为：

strtoupper($string1)

将 $string1 中的字母变为大写字母。

（3）trim（　）函数——用于去掉字符串左、右侧的空格、换行符号、Tab 符号。

格式为：

trim（$string1)

（4）rtrim（　）函数——用于去掉字符串右侧的空格、换行符号、Tab 符号。

格式为：

rtrim（$string1)

（5）strlen（　）函数——用于计算字符变量的字符个数。

格式为：

strlen（$string)

得到 $string 的字符个数。

【例 5—5】 设计文件名是 "n-5-5.php" 的网页程序，已知 $s1="PHP＋MySQL"、$s2="网页程序设计"、$s3="PHP＋MySQL 网页程序设计"，显示 $s1、$s2、$s3 的字符个数。

例 5—5 网页程序的语句如下：

```
(1)  <?php
(2)    $s1 = "PHP＋MySQL";      $len_s1 = strlen($s1);
(3)    $s2 = "网页程序设计";     $len_s2 = strlen($s2);
(4)    $s3 = "PHP＋MySQL 网页程序设计"; $len_s3 = strlen($s3);
(5)  print "<br>1.".       $s1." 字符数:";  print $len_s1;
(6)  print "<br>2.".       $s2." 字符数:";  print $len_s2;
(7)  print "<br>3.".       $s3." 字符数:";  print $len_s3;
(8)  ?>
```

程序说明： $s1 有 9 个字母，所以 $len_s1=5。$s2 有 6 个汉字，一个汉字的字符个数是 2，所以 $len_s2=12。$s3 有 9 个字母和 6 个汉字组成，所以 $len_s3=21。

例 5—5 网页程序的浏览结果如图 5—5 所示。

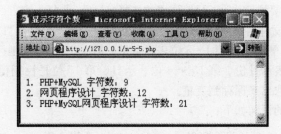

图 5—5　例 5—5 网页程序的浏览结果

（6）strcmp（　）——字符串比较函数。

格式为：

strcmp（〈＄string1〉,〈＄string2〉）

用于比较两个字符串变量的大小，如果＄string1＜＄string2，那么返回结果是"−1"；如果＄string1＝＄string2，那么返回结果是"0"；如果＄string1＞＄string2，那么返回结果是"1"。

【例 5—6】　设计文件名是"n-5-6.php"的网页程序，已知＄s1="abcde"、＄s2="bcdef"，比较＄s1、＄s2 的字符大小。

例 5—6 网页程序的语句如下：

```
(1)  <?php
(2)    $ s1 = "abcdef"; $ s2 = "bcdef"; $ s3 = strcmp( $ s1, $ s2);
(3)    print "字符:". $ s1."<br>";
(4)    print " 字符:". $ s2."<br>";
(5)              print " 比较大小结果是:"; print $ s3;
(6)  ?>
```

程序说明：＄s1 首字母"a"，＄s2 首字母"b"，按照 ASCⅡ编码方案,"a"＜"b"，所以＄s3＝−1。

例 5—6 网页程序的浏览结果如图 5—6 所示。

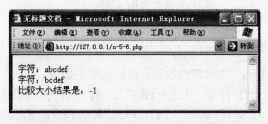

图 5—6　例 5—6 网页程序的浏览结果

（7）substr（　）——取子串操作函数。

格式为：

substr（＄string1, ＄pos, ＄len）

从＄string1 字符串左侧第＄pos 位置开始，得到连续＄len 个字符，返回结果是＄string1 的子串。在 PHP 系统＄string1 从左侧开始排列次序从 0 开始计数，依次是 0、1、2、…、利用 substr（）操作时，要注意 $ pos 起始位置的选择。

【例 5—7】 设计文件名是"n-5-7.php"的网页程序，已知 $ s1="110101198008080011"这是一个身份证号码，左侧开始的第 1～3 位表示省份、第 4～6 位表示地区、第 7～10 位表示出生年份、第 11～12 位表示月份、第 13～14 位表示日、第 17 位是性别信息（奇数为男，偶数为女），将上述数据提取出来保存到变量。

例 5—7 网页程序的语句如下：

(1)　〈?php $ id = "110101198008080011"; $ s1 = substr($ id,0,3);

(2)　$ s2 = substr($ id,3,3); $ s3 = substr($ id,6,4); $ s4 = substr($ id,10,2);

(3)　$ s5 = substr($ id,12,2); $ s = substr($ id,16,1);

(4)　print　"持证人:". $ id. "〈br〉";

(5)　print　"省:". $ s1." 地区:". $ s2. "〈br〉";

(6)　print　"出生:". $ s3."年". $ s4."月". $ s5."日"."〈br〉";

(7)　if ($ s%2>0)

(8)　　print "性别:男";

(9)　else

(10)　　print "性别:女";

(11)　?〉

程序说明： 第 7 条语句 $ s%2>0 判断身份证号的第 17 位是奇数还是偶数。

例 5—7 网页程序的浏览结果如图 5—7 所示。

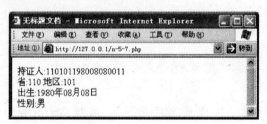

图 5—7　例 5—7 网页程序的浏览结果

（8）substr_count（　）——统计指定字符的个数。

格式为：

substr_count($ string1, $ string2)

计算 $ string2 在 $ string1 中出现的次数，返回结果是数值。

【例 5—8】 设计文件名是"n-5-8.php"的网页程序，已知 $ s1 = " my _ email @ sina. com"，$ s2="@"，$ s3=".com"，统计 $ s2、$ s3 在 $ s1 出现的次数。

例 5—8 网页程序的语句如下：

(1)　〈?php $ s1 = "my_email@sina.com"; $ s2 = "@"; $ s3 = ".com" ;

(2)　　if (substr_count($ s1, $ s2))

(3)　　　print　$ s1."出现".substr_count($ s1, $ s2)." 次". $ s2."〈br〉";

(4)　　else

(5)　　　print　$ s1."出现 0 次". $ s2."〈br〉";

(6)　　if (substr_count($ s1, $ s3))

```
(7)        print   $ s1."出现".substr_count( $ s1, $ s3)." 次". $ s3 ;
(8)      else
(9)        print   $ s1."出现 0 次". $ s3."<br>";
(10) ?>
```

程序说明：本程序练习 substr_count（　）函数的使用方法，请仔细分析程序逻辑和结果。

例 5—8 网页程序的浏览结果如图 5—8 所示。

图 5—8　例 5—8 网页程序的浏览结果

（9）strpos（　）——计算某个字符串在另外一个字符串出现的位置。

格式为：

strpos（$ string1, $ string2）

得到 $ string2 在 $ string1 中出现的位置。如果 $ string2 不在 $ string1 出现，那么结果为 false。PHP 计数字符的位置从 0 开始，所以实际位置应当是计算机得到的结果加 1 的位置。

【例 5—9】　设计文件名是"n-5-9. php"的网页程序，已知 $ s1 = " my _ email @ sina. com"，$ s2="@"得到 $ s2 在 $ s1 出现的位置。

例 5—9 网页程序的语句如下：

```
(1)  <?php   $ s1 = "my_email@sina. com"; $ s2 = "@";
(2)        $ c1 = strpos( $ s1, $ s2) + 1;
(3)        if ( $ c1 = = false)  {
(4)          print $ s2." 没有出现在 ". $ s1."<br>";
(5)        }else {
(6)          print $ s2." 出现在 ". $ s1." 第". $ c1."个位置.<br>";
(7)        }
(8)  ?>
```

程序说明：本程序练习 strpos（　）函数的使用方法，请仔细分析程序逻辑和结果。

例 5—9 网页程序的浏览结果如图 5—9 所示。

图 5—9　例 5—9 网页程序的浏览结果

(10) strstr（　）——截取字符串。

格式为：

strstr（＄string1，＄string2）

如果＄string2 在＄string1 中存在，那么从出现位置开始截取＄string1 字符串。

【例5—10】　设计文件名是"n-5-10.php"的网页程序，已知＄s1＝"myemail@sins. com"、＄s2＝"@"，显示 strstr（＄s1，＄s2）的结果。

例5—10网页程序的语句如下：

```
(1)    〈?php
(2)        $ s1 = "my_email@sina.com"; $ s2 = "@";
(3)        $ c1 = strstr( $ s1, $ s2);
(4)        print   "\ $ s1 = ". $ s1."<br>"."\ $ s2 = ". $ s2."<br>"."\ $ c1 = ". $ c1;
(5)    ?〉
```

程序说明：本程序练习 strstr（　）函数的使用方法，为了能够显示效果美观，本例中第（4）条语句用到转义符号，请仔细分析程序逻辑和结果。

例5—10网页程序的浏览结果如图5—10所示。

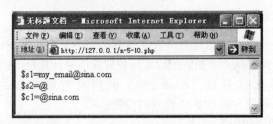

图5—10　例5—10网页程序的浏览结果

5.4.5　日期操作函数

日期操作函数用于处理日期数据。

（1）设置默认时区。

为了得到 PHP 系统正确的日期和时间的信息需要设置网站服务器所在的时区。计算机默认的时区是 UTC（Universal Time Coordinated），北京时间比 UTC 格式时间早8小时，所以需要正确设置时间格式为北京时间表示。修改 php. ini 文件可以设置时区。

选择"开始→所有程序→AppServ→Configuration Server→PHP Edit the php. ini Configuration File"选项，出现 php. ini 文件编辑窗口，将语句

;date. timezone =

这一行的分号";"删除，并设置为"PRC"即：

date. timezone = PRC

（2）time（　）——获取目前的时间戳。

在 PHP 系统中，时间戳是指从1970年1月1日0时0分0秒到当前时刻的总秒数。得到当前时刻的时间戳的函数格式：time（　）。

由于1天秒数总和的计算公式是：

1天的秒数＝24小时×60分/小时×60秒/分＝86 400秒。

那么，50 天后的时间戳的计算方法是：time(　)＋50×86 400。50 天前的时间戳的计算方法是：time(　)－50×86 400。

（3）date（　）——得到日期和时间。

格式为：

date(〈显示格式〉,[〈时间戳〉])

按照指定〈显示格式〉的要求显示日期和时间。如果时间戳缺省，表示按照指定格式显示当前日期。date（　）函数的显示格式参数见表 5—6。

表 5—6　　　　　　　　　date（　）函数的显示格式参数

格式设置	说明及其返回值
Y/y	"年份"采用四位或两位格式
m/n	"月份"采用 01～12 或 1～12 格式
d/j	"日"采用 01、02、…、31 或 1、2、…、31 格式
h/H	"小时"采用 12 或 24 格式，结果是 1～12 或 0～23
i	"分"采用 00～59 格式
s	"秒"采用 00～59 格式
t	当前日期的月份共几天。结果是 28～31
W	当前日期的星期
z	当前日期是一年中的第几天。结果是 1～366
D/l	星期采用 Mon、…、Sat 或 Monday、…、Saturday 格式
a/A	显示小写/大写的 am/pm 或 AM/PM 格式
T	本机所在的时区

设定时间戳表示显示设定时间戳的日期。

【例 5—11】　设计文件名是"n-5-11.php"的网页程序，显示当前年月日时分秒、显示 50 天后的日期、显示 50 天前的日期、显示当前时间的小时。

例 5—11 网页程序的语句如下：

```
(1)  <?php
(2)  $t＝date("Y－m－d H:i:s");  print  "当前日期:". $t."<br>";
(3)  $t＝date("Y－m－d H:i:s",time()＋50＊86400); print  "当前日期50天后的日期:". $t."<br>";
(4)  $t＝date("Y－m－d H:i:s",time()－50＊86400); print  "当前日期50天前的日期:". $t."<br>";
(5)  $t＝date("H");print  "现在时刻:". $t."时<br>";
(6)  ?>
```

程序说明：本程序练习 date（　）函数的使用方法，请仔细分析程序逻辑和结果。

例 5—11 网页程序的浏览结果如图 5—11 所示。

图 5—11   例 5—11 网页程序的浏览结果

（4）checkdate（ ）——显示指定的"月日年"日期是否存在。

格式为：

checkdate(〈月〉,〈日〉,〈年〉)

checkdate（ ）用于判断指定"年月日"的日期是否存在。如果日期正确该函数的返回值是布尔型数据"1"，否则返回值是布尔型数据"0"。

【例 5—12】   设计文件名是"n-5-12.php"的网页程序，已知 $id＝"110101198008080011" 是一个身份证号，判断其出生日期是否有效。显示省份代码、地区代码、出生年月日、性别、年龄。

例 5—12 网页程序的语句如下：

```
(1)   <?php
(2)   $t = date("Y-m-d H:i:s");  print "当前日期:". $t."<br>";
(3)   $id = "110101198008080011";
(4)   $s1 = substr( $id,0,3); $s2 = substr( $id,3,3); $s3 = substr( $id,6,4);
(5)   $s4 = substr( $id,10,2); $s5 = substr( $id,12,2); $s6 = substr( $id,16,1);
(6)   if (!checkdate( $s4, $s5, $s3)){  //身份证号码无效
(7)      die ("身份证号码无效!");
(8)   } else{
(9)      if ( $s6 % 2>0)//得到性别
(10)      $s7 = "男";
(11)     else
(12)      $s7 = "女";
(13)     $age = date("Y") - $s3;   //得到年龄
(14)    print "持证人:". $id."<br>";
(15)    print "省份代码:". $s1."  地区代码:". $s2."<br>";
(16)    print "出生:". $s3."年". $s4."月". $s5."日<br>";
(17)    print "性别:". $s7."<br>";
(18)    print "年龄:". $age;
(19)  }
(20) ?>
```

程序说明： 例 5—12 程序练习 substr（ ）、date（ ）、checkdate（ ）等函数的使用方法，请仔细分析程序逻辑和结果。

例 5—12 网页程序的浏览结果如图 5—12 所示。

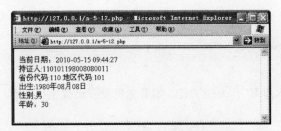

图 5—12　例 5—12 网页程序的浏览结果

5.4.6　其他函数

（1）getcwd（　）——得到当前网站服务器的文件夹的信息。

格式为：

getcwd(　)

【例 5—13】　得到当前网站服务器的文件夹的信息。

(1)　⟨? php $ dir = getcwd();

(2)　　print "目前的工作文件夹是:". $ dir;

(3)　?⟩

例 5—13 网页程序的浏览结果如图 5—13 所示。

图 5—13　例 5—13 网页程序的浏览结果

（2）gethostbynamel（　）——得到与域名有关的 IP 地址。

格式为：

gethostbynamel($ url)

【例 5—14】　显示与域名 www. php. net 有关的 IP 地址。

(1)　⟨?php

(2)　　$ url = "www. php. net";

(3)　　$ ip = gethostbynamel($ url);

(4)　print"⟨br⟩ $ url 的 IP 是:";print_r($ ip);

(5)　?⟩

例 5—14 网页程序的浏览结果如图 5—14 所示。

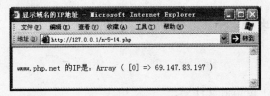

图 5—14　例 5—14 网页程序的浏览结果

（3）gethostbyaddr（ ）——得到与 IP 有关的域名。

格式为：

gethostbyaddr($ ip)

【例 5—15】 显示与 IP 有关的域名，如果主机没有设置主机名称将继续显示其 IP 地址。

(1)　〈?php
(2)　　 $ ip = "69. 147. 83. 197";
(3)　　 $ url = gethostbyaddr($ ip);
(4)　　 print"〈br〉 $ ip 的域名是:". $ url;
(5)　 ?〉

例 5—15 网页程序的浏览结果如图 5—15 所示。

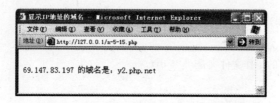

图 5—15　例 5—15 网页程序的浏览结果

（4）file_exists（ ）——检测文件或文件夹是否存在。

格式为：

file_exists($ dir)

检测文件或文件夹是否存在，如果文件或文件夹存在，结果是布尔型数据 "1"，否则是空值。

（5）mkdir（ ）——创建文件夹。

格式为：

mkdir(文件夹的名称)

【例 5—16】 创建文件夹。

(1)　〈?php
(2)　　 $ dir = getcwd(); $ dir. = "\\upload";
(3)　　 if (file_exists($ dir)){
(4)　　　 print $ dir."〈br〉文件夹已经存在.";
(5)　　 } else {
(6)　　　 mkdir($ dir);
(7)　　　 print"〈br〉建立的文件夹是:". $ dir;
(8)　　 }
(9)　 ?〉

在当前文件夹下建立 upload 文件夹。

例 5—16 程序的浏览结果如图 5—16 所示。

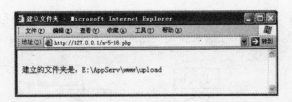

图 5—16　例 5—16 网页程序的浏览结果

（6）rmdir（　）——删除文件夹。

格式为：

rmdir(文件夹的名称)

【例 5—17】　删除文件夹。

```
(1)   <?php
(2)     $ dir = getcwd(); $ dir. = "\\upload";
(3)     if (file_exists( $ dir)){
(4)        rmdir( $ dir);
(5)        print "<br>". $ dir. "<br>删除文件夹.";
(6)     } else {
(7)        print $ dir. "<br>文件夹不存在.";
(8)     }
(9)   ?>
```

删除当前文件夹下建立的 upload 文件夹。

例 5—17 网页程序的浏览结果如图 5—17 所示。

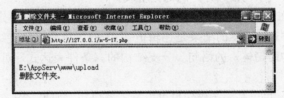

图 5—17　例 5—17 网页程序的浏览结果

5.5　PHP 语言的控制语句

5.5.1　程序及其控制语句

1. 程序

利用计算机解决实际应用遇到的问题，需要把这个问题划分为若干步骤，每个步骤要尽量细致到不能再划分为止，使每一个步骤都能够用对应的程序语句表示。所以，程序是解决应用问题的语句集合。

2. 控制语句

网页程序解决的是利用网页程序完成网络数据加工的问题，在设计网页程序中所有语句按照一定逻辑组织在一起构成了网页程序。网页程序中的语句之间既可以按顺序执行，也可以有条件地分支执行，还可以重复执行。因此 PHP 语言提供了顺序语句、条件分支语句和循环语句作为程序的控制语句，用于解决各类应用问题。PHP 程序控制语句如图 5—18 所示。

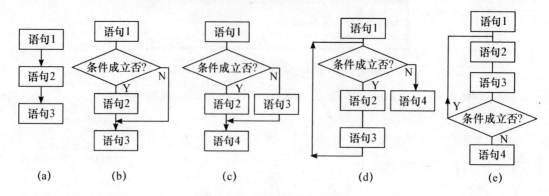

图 5—18　PHP 程序控制语句

（a）顺序结构；（b）单分支结构；（c）双分支结构；（d）先行条件循环结构；（e）后行条件循环结构

5.5.2　顺序结构的语句

顺序结构的语句是指每一条语句依次顺序执行一次。如图 5—18（a）所示，顺序结构程序的语句执行过程是先执行〈语句 1〉、然后执行〈语句 2〉、最后执行〈语句 3〉，顺序结构的语句特点是所有语句将被依次执行一遍。

顺序结构的网页程序可以参见例 5—11 的网页程序。

5.5.3　分支结构的语句

分支结构的语句有三种，包括单分支语句、双分支语句、多分支语句。分支结构的语句由〈条件表达式〉、〈分支结构语句体〉两部分组成。

分支结构的语句在执行程序时，根据〈条件表达式〉的结果，决定〈分支结构语句体〉的执行情况。当〈条件表达式〉的结果是逻辑值"1"时，执行〈分支结构语句体〉的语句，否则不执行〈分支结构语句体〉的语句。分支结构的〈条件表达式〉可以是单一条件，也可以是复合条件。

〈分支结构语句体〉可以是一条语句也可以是多条语句，如果〈分支结构语句体〉是多条语句，那么〈分支结构语句体〉需要用"{　}"标记出来。

1. 单分支语句

语句格式：

```
if （〈条件表达式〉） {
    〈分支结构语句体〉
}
```

如图 5—18（b）所示，单分支结构程序的语句执行过程是：先执行〈语句 1〉，如果〈条件表达式〉的结果是逻辑值"1"时，那么执行〈语句 2〉、然后执行〈语句 3〉；如果条件不成立，那么执行〈语句 3〉。因此〈语句 2〉有可能被执行，也有可能不被执行。"单分支结构"程序的语句执行序列可以是以下两种情况中的任意一种。

（1）〈语句 1〉、〈语句 2〉、〈语句 3〉。

（2）〈语句 1〉、〈语句 3〉。

2. 双分支语句

语句格式：

```
if （〈条件表达式〉）｛
    〈分支结构语句体 1〉
｝else｛
    〈分支结构语句体 2〉
｝
```

如图 5—18（c）所示，双分支结构程序的语句执行过程是：先执行〈语句 1〉，如果〈条件表达式〉的结果是逻辑值"1"时，那么执行〈语句 2〉、然后执行〈语句 4〉；如果条件不成立，那么执行〈语句 3〉，然后执行〈语句 4〉。"双分支结构"程序的语句执行序列可以是以下两种情况中的任意一种。

（1）〈语句 1〉、〈语句 2〉、〈语句 4〉。

（2）〈语句 1〉、〈语句 3〉、〈语句 4〉。

【例 5—18】　设计文件名是"n-5-18.php"的网页程序，根据时间显示"上午好"、"下午好"、"晚上好"的提示。

例 5—18 网页程序的语句如下：

```
(1)  〈?php
(2)    $ d = date("H");  //得到小时
(3)    if ( $ d<12)
(4)     print "上午好!";
(5)    else
(6)     if ( $ d<18)
(7)      print "下午好!";
(8)     else
(9)      print "晚上好!";
(10) ?〉
```

程序说明：首先得到当前时间的小时信息，然后根据条件显示提示信息。体会分支结构的程序设计算法。

3. 多分支语句

语句格式：

```
switch(〈条件表达式〉)｛
    case 值 1:
        〈分支结构语句体 1〉
        break;
    case 值 2:
        〈分支结构语句体 2〉
        break;
    …
    default:
        〈分支结构语句体 n〉
```

```
            break;
        }
```

switch 语句流程：根据〈条件表达式〉结果值的结果决定执行哪个语句体。

【例 5—19】 设计文件名是"n-5-19. php"的网页程序，显示计算机的日期和星期。

例 5—19 网页程序的语句如下：

```
(1)   〈?php
(2)   print "〈br〉您好! 现在时刻:".date("Y年m月d日H时i分s秒.");
(3)   $w=date("D");   //得到当前的星期
(4)   switch( $w){
(5)   case "Mon":
(6)       print "〈br〉今天是星期一.";   break;
(7)   case "Tue":
(8)       print "〈br〉今天是星期二.";   break;
(9)   case "Wed":
(10)      print "〈br〉今天是星期三.";   break;
(11)  case "Thu":
(12)      print "〈br〉今天是星期四.";   break;
(13)  case "Fri":
(14)      print "〈br〉今天是星期五.";   break;
(15)  case "Sat":
(16)      print "〈br〉今天是星期六.";   break;
(17)  case "Sun":
(18)      print "〈br〉今天是星期日.";   break;
(19)  }
(20)  ?〉
```

程序说明： 首先得到当前时间的星期信息，然后根据条件显示提示信息。体会分支结构的程序设计算法。

例 5—19 程序的浏览结果如图 5—19 所示。

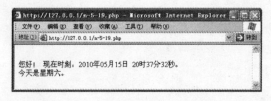

图 5—19   例 5—19 网页程序的浏览结果

5.5.4   循环结构的语句

循环结构的语句有 3 种格式，即 while 语句、for 语句、do while 语句。循环结构的语句包括〈循环条件表达式〉、〈循环语句体〉两部分。循环语句是根据〈循环条件表达式〉的结果，决定〈循环语句体〉是否被执行。当〈循环条件表达式〉的结果是逻辑值"1"时，执行〈循环语句体〉的语句，执行完一次循环体，自动检测〈循环条件表达式〉的结果，根据〈循环条件表达式〉的结果决定〈循环结构语句体〉是否被继续执行。循环结构的〈循环条件表达式〉可以是单一条件，也可以是复合条件。如果〈循环语句体〉是多条语句，那么语句体需要用"{　}"标签出来。

1．while 语句

语句格式：

```
while (〈循环条件表达式〉) {
    〈循环体语句体〉
}
```

如图 5—18（d）所示，先行条件循环结构程序的语句执行过程是：先执行〈语句1〉，如果〈循环条件表达式〉的结果不是逻辑值"1"，那么执行〈语句4〉；否则，则执行〈语句2〉，然后执行〈语句3〉修改〈循环条件表达式〉，此时循环体执行完成一次；这时继续判断〈循环条件表达式〉是否成立，如果循环条件仍然成立，那么继续执行循环体，否则，退出循环体执行〈语句4〉。

说明：使用循环语句时要注意控制循环体语句的执行次数，否则会出现无限循环导致程序无法正常执行。在循环体中利用 break 语句和 continue 语句可以控制循环执行次数避免无限循环。

【例 5—20】　设计文件名是"n-5-20.php"的网页程序，产生 10 个随机数计算它们的和。

例 5—20 网页程序的语句如下：

```
(1)  〈?php
(2)  $ s = 0;
(3)  $ i = 1;
(4)  while ($ i< = 10) {
(5)    $ d[$ i] = rand(  );   //得到一个随机数
(6)    $ s = $ s + $ d[$ i];  //随机数累加
(7)    print "i = ". $ i." ". $ d[$ i]." ". $ s."〈br〉";
(8)    $ i = $ i + 1;
(9)  }
(10) print  "10 个随机数的和:". $ s;
(11) ?〉
```

程序说明：本程序介绍循环结构和数组使用。$ s 初始状态是 0。由于要得到 10 个随机数，所以用 $ i 记忆随机数的个数。

例 5—20 程序的浏览结果如图 5—20 所示。

2．for 语句

语句格式：

```
for ([〈循环初值〉];〈循环条件表达式〉;〈修改循环条件〉){
    〈循环体语句〉
}
```

for 语句流程是：第一步设置循环变量的〈循环初值〉；第二步判断〈循环条件表达式〉的结果是否是逻辑值"1"，当〈循环条件表达式〉的结果是逻辑值"1"时，进行下一步，否则结束循环语句；第三步执行〈循环体语句〉中的语句；第四步执行〈修改循环条件〉的语句，由于循环条件发生改变了，计算机再次做第二步。

135

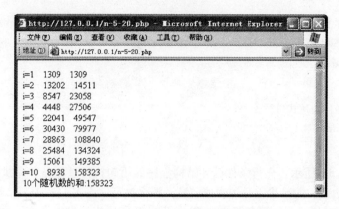

图 5—20　例 5—20 网页程序的浏览结果

【**例 5—21**】　设计文件名是"n-5-21.php"的网页程序，产生 10 个随机数，然后显示奇数和偶数的个数。

例 5—21 网页程序的语句如下：

(1)　〈?php
(2)　$ s1 = 0; $ s2 = 0;　//偶数、奇数个数设置为 0
(3)　for ($ i = 0; $ i<10; $ i++) {
(4)　　$ d[$ i] = rand();
(5)　　if ($ d[$ i] % 2 == 0)
(6)　　　$ s1 = $ s1 + 1;　//偶数个数加 1
(7)　　else
(8)　　　$ s2 = $ s2 + 1;　//奇数个数加 1
(9)　　print　$ d[$ i]." ";
(10) }
(11) print　"〈br〉10 个随机数中,奇数的个数:". $ s2."　偶数的个数:". $ s1;
(12) ?〉

程序说明： 本程序介绍循环结构和数组使用。$ s1、$ s2 是偶数和奇数的个数，初始状态是 0。对于产生的随机数利用%取余数运算判断是奇数还是偶数。

例 5—21 程序的浏览结果如图 5—21 所示。

图 5—21　例 5—21 网页程序的浏览结果

3. do while 语句
语句格式：

```
do {

　〈循环体语句〉

}while(〈循环条件表达式〉);
```

do 语句流程是：首先执行〈循环体语句〉中的语句，然后判断〈循环条件表达式〉的结果是否是"1"，如果〈循环条件表达式〉的结果是否是"1"，继续执行〈循环体语句〉的语句，直到〈循环条件表达式〉的结果不是"1"时，结束执行循环语句。

如图 5—18 (e) 所示，后行条件循环结构程序的语句执行过程是：先执行〈语句 1〉，然后执行循环体的〈语句 2〉、〈语句 3〉，如果〈循环条件表达式〉的结果不是逻辑值"1"，那么退出循环体执行〈语句 4〉，否则，继续执行循环体。

【例 5—22】　设计文件名是 "n-5-22. php" 的网页程序，产生 1 个 10 000 以内的随机数，显示这个数哪次产生的？是多少？

例 5—22 网页程序的语句如下：

```php
(1)  <?php
(2)  $ i = 0;
(3)  do {
(4)    $ d = rand();
(5)    print $ d. " ";
(6)    $ i++;
(7)  }while ( $ d>10000);
(8)  print  "<br>任意产生随机数.第". $ i. "次随机数". $ d. "小于 10000.";
(9)  ?>
```

程序说明：本程序介绍循环结构和随机数的使用。对于产生的随机数当大于 10 000 时立即结束程序。

例 5—22 程序的浏览结果如图 5—22 所示。

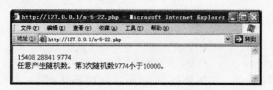

图 5—22　例 5—22 网页程序的浏览结果

【例 5—23】　设计文件名是 "n-5-23. php" 的网页程序，打印由 "＊" 组成的图形，每行打印 10 个 "＊" 符号，一共打印 8 行。

例 5—23 网页程序的语句如下：

```php
(1)  <?php
(2)  for ( $ i = 1; $ i<= 8; $ i++) {
(3)    for ( $ j = 1; $ j<= 10; $ j++)
(4)      print "＊";
(5)    print  "<br>";
(6)  }
(7)  ?>
```

程序说明：按照题目要求，第 (4) 条语句可以打印 1 个 "＊"；第 (3)～(4) 条语句循环执行 10 次打印 10 个 "＊"；第 (2)～(6) 条语句循环执行 8 次，每次打印 10 个 "＊"，同时每次打印完毕一行，第 (5) 条语句换行打印下一行，就可以完成本题目的要求。本例题练习双重循环的处理。

例5—23程序的浏览结果如图5—23所示。

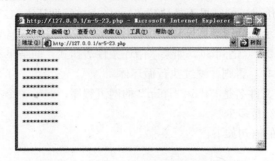

图5—23 例5—23网页程序的浏览结果

【例5—24】 设计文件名是"n-5-24.php"的网页程序，打印由"＊"组成的图形，一共打印10行，每行的"＊"符号个数就是其所在的行数。

例题分析：这个题目是练习双重循环的处理。由于一行打印"＊"的个数是随着行号改变的，所以一行打印"＊"的个数不是固定的而是动态变化的，这个动态变化的恰好就是要打印的行号，依次是1、2、…、10。

例5—24网页程序的语句代码如下：

```
(1)    <?php
(2)    for ( $ i = 1; $ i < 10; $ i + + ){
(3)        for ( $ j = 1; $ j < $ i; $ j + + )
(4)            print " ＊ ";
(5)        print  "<br>";
(6)    }
(7)    ?>
```

程序说明： 按照题目要求，本例要打印10行，所以要执行10次打印1行"＊"的处理。第（4）条语句可以打印1个"＊"。第（3）～（4）条语句循环执行 $ i 次打印 $ i 个"＊"。第（2）～（6）条语句循环执行10次，每次打印 $ i 个"＊"，同时每次打印完毕一行，第（5）条语句换行打印下一行，就可以完成本题目的要求。本题练习双重循环的处理。

例5—24程序的浏览结果如图5—24（a）所示。如果将例5—24网页程序的第（3）条语句：for ($ j = 1; $ j < $ i; $ j + +)，修改为：for ($ j = 10; $ j > $ i; $ j - -)，程序的浏览结果如图5—24（b）所示。

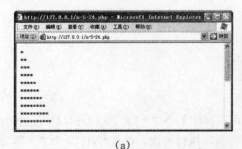   

（a）   （b）

图5—24 例5—24网页程序的浏览结果

【例 5—25】　设计文件名是"n-5-25.php"的网页程序，打印由"＊"组成的三角形图形，一共打印 10 行。

例题分析：这个题目关键问题在于，打印 1 行由 2 个动作完成，一个动作是打印空格，另外一个动作是打印"＊"，如果用 $i 表示行号，那么每行打印 2＊$i−1 个"＊"。

例 5—25 网页程序的语句如下：

```php
(1)  <?php
(2)  for ( $ i = 1; $ i < 10; $ i + + ){
(3)      for ( $ j = 20; $ j > 2 ＊ $ i−1; $ j−− )//打印空格
(4)          print " ";
(5)      for ( $ j = 1; $ j < 2 ＊ $ i−1; $ j + + )//打印星号
(6)          print "＊";
(7)      print "<br>";  //打印换行
(8)  }
(9)  ?>
```

程序说明：按照题目要求，本例要打印 10 行，所以要执行 10 次打印 1 行"＊"的处理。循环 1 次要完成 3 个动作，打印若干空格、打印若干"＊"号、打印换行。第（4）条语句可以打印 1 个空格。第（3）～（4）条语句循环执行打印若干空格。第（5）～（6）条语句循环执行打印若干"＊"，第（7）条语句换行打印下一行。本题练习双重循环的处理。

例 5—25 程序的浏览结果如图 5—25 所示。

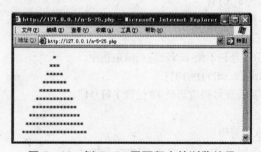

图 5—25　例 5—25 网页程序的浏览结果

5.6　PHP 系统自定义函数

5.6.1　自定义函数

1. 自定义函数的格式

在设计应用程序时，有些处理过程需要在多个处理程序中用到，这样可以将这些处理过程编写成为自定义函数，其他任何程序都可以调用这些函数，以此提高程序设计的效率。

自定义函数是程序员自行设计的函数。自定义函数的格式如下：

```php
function  function_name( $ arg1, $ arg2, … ){
  函数处理的语句;
  return $ return_val;
}
```

一个函数 function_name 是函数名，包括输入参数（＄arg1，＄arg2，…）、处理语句、输出参数（＄return_val）三部分，函数可以有返回值，也可能没有返回值。

2. 自定义函数文件

自定义函数必须先行出现，然后再使用。一般来说，把经过调试的函数分类保存到单独的 PHP 文件中，其他网页程序用到其中的函数时，可以利用 include 语句将函数文件调入后然后再使用。

5.6.2 自定义函数的应用案例

【例 5—26】 设计文件名是"n-5-function.php"的网页程序，将下列函数保存到这个文件。
（1）check_id（ ）函数。

函数职能：给定身份证号，要求身份证号码必须输入 18 位数字符号，如果格式有效返回数字"1"，否则出现错误提示，返回数字"0"。

check_id（ ）函数的语句如下。

```
(1)   function check_id( $ id){// 检测身份证号的有效性,必须给定 $ id
(2)      //如果没有输入身份证号码,应当结束程序.
(3)      if (empty( $ id)){
(4)        print "<br> 请输入身份证号码!";
(5)        return 0;      }
(6)      //如果输入身份证号码不是数字符号,应当结束程序.
(7)      if (! is_numeric( $ id)){
(8)        print "<br> 身份证号码应当是数字符号!";
(9)        return 0;      }
(10)     //如果输入身份证号码不是 18 位,应当结束程序.
(11)     if (strlen(trim(( $ id)))!= 18){
(12)       print "<br> 身份证号码应当是 18 位数字符号!";
(13)       return 0;      }
(14)     //身份证的截取字符串
(15)     $ s1 = substr( $ id,0,3);   $ s2 = substr( $ id,3,3);
(16)     $ s3 = substr( $ id,6,4);   $ s4 = substr( $ id,10,2);
(17)     $ s5 = substr( $ id,12,2); $ s6 = substr( $ id,16,1);
(18)     //如果输入身份证号码出生日期不正确,应当结束程序.
(19)     if (!checkdate( $ s4, $ s5, $ s3)) {
(20)       print "<br> 身份证号码出生日期错误!";
(21)       return 0;      }
(22)     //身份证有效
(23)     return 1;
(24) }
```

程序说明：check_id（ ）函数是带参数的函数。调用这个函数的方法是：

<?php $ id = "110101198008080011"; check_id($ id);   ?>

（2）disp_id（ ）函数。

函数职能：给定身份证号，显示持证人性别、出生年月日、年龄信息。

disp_id（　）函数的语句如下：

```
(1)   function disp_id( $ id){
(2)      //如果身份证无效,应当结束程序.
(3)      if (!check_id( $ id))//调用 check_id( $ id)函数
(4)         print "〈br〉身份证无效!";
(5)      else {
(6)         //身份证的截取字符串
(7)         $ s1 = substr( $ id,0,3);   $ s2 = substr( $ id,3,3);
(8)         $ s3 = substr( $ id,6,4);   $ s4 = substr( $ id,10,2);
(9)         $ s5 = substr( $ id,12,2); $ s6 = substr( $ id,16,1);
(10)        //计算年龄
(11)        $ age = date("Y") - $ s3;
(12)        //处理性别
(13)        if ( $ s6 % 2 == 0)
(14)           $ s7 = "女";
(15)        else
(16)           $ s7 = "男";
(17)        //显示结果
(18)        print  "持证人:". $ id. "〈br〉";
(19)        print  "省:". $ s1. " 地区:". $ s2. "〈br〉";
(20)        print  "出生:". $ s3. "年". $ s4. "月". $ s5. "日 〈br〉";
(21)        print  "性别:". $ s7. " 年龄:". $ age;
(22)     }
(23)  }
```

程序说明：disp_id（　）函数是带参数的函数。调用这个函数的方法是：

〈?php $ id = "110102198802263013"; disp_id($ id); ?〉

（3）check_email（　）函数。

函数职能：检查电子邮箱名称的有效性满足 X@XXX. XXX 格式。

check_email（　）函数的语句如下：

```
(1)   function check_email( $ email){ // 检测邮箱名称的有效性
(2)     if (empty( $ email)){
(3)       print "〈br〉请输入邮箱名称!";
(4)       return 0;     }
(5)     if (substr_count( $ email,"@")!=1) {
(6)       print "〈br〉邮箱名称中缺失@ 符号!";
(7)       return 0;     }
(8)     if (substr_count( $ email,".")!=1) {
(9)       print "〈br〉邮箱名称中缺失.符号!";
(10)      return 0;     }
(11)     if (strpos( $ email,".") - strpos( $ email,"@")<4) {
(12)       print "〈br〉邮箱名称中@与 . 之间必须有 3 个符号!";
```

141

(13)　　　 return 0;　　 }
(14)　　 //邮箱名称有效
(15)　　　 return 1;
(16)　 }

程序说明： check_email（ ） 函数是带参数的函数。调用这个函数的方法是：

〈?php $ e_mail = "aa@sina. com";check_email($ e_mail);　?〉

（4） disp_hello（ ） 函数。

函数职能： 根据计算机的时钟显示早上好、上午好、下午好、晚上好的提示信息。

diap_hello（ ） 函数的语句代码如下：

(1)　 function disp_hello(){//显示问候语
(2)　　 //得到当前日期的小时信息.
(3)　　 $ h = date("H");
(4)　　 if ($ h<8)
(5)　　　 print "〈br〉早上好!　现在时刻:". date("Y 年 m 月 d 日 H 时 i 分 s 秒.");
(6)　　 if ($ h>8　&& $ h<12)
(7)　　　 print "〈br〉上午好!　现在时刻:". date("Y 年 m 月 d 日 H 时 i 分 s 秒.");
(8)　　 if ($ h>12　&& $ h<18)
(9)　　　 print "〈br〉下午好!　现在时刻:". date("Y 年 m 月 d 日 H 时 i 分 s 秒.");
(10)　 if ($ h>18　&& $ h<24)
(11)　　 print "〈br〉晚上好!　现在时刻:". date("Y 年 m 月 d 日 H 时 i 分 s 秒.");
(12) }

程序说明： disp_hello（ ） 函数是不带参数的函数。调用这个函数的方法是：

〈?php disp_hello( );　?〉

【例 5—27】　 设计文件名是 "n-5-27. php" 的网页程序，练习自定义函数调用的方法。

例 5—27 网页程序的语句如下：

(1)　 〈?php
(2)　　 include "n-5-function. php";　//参见例 5—26
(3)　　 print　"1. 调用 disp_hello()函数";
(4)　　 disp_hello();
(5)　　 print "〈br〉〈br〉";
(6)　　 print "2. 调用 disp_id()函数";
(7)　　 $ id = "110101198008080011"; disp_id($ id);
(8)　　 print "〈br〉〈br〉";
(9)　　 print "3. 调用 check_id()函数";
(10)　 $ id = "110101198008080011";
(11)　 if (check_id($ id))
(12)　　 print "〈br〉". $ id. "身份证有效!";
(13)　 else
(14)　　 print "〈br〉". $ e_mail. "身份证无效!";
(15)　　 print "〈br〉〈br〉";

```
(16)    print   "4. 调用 check_email() 函数";
(17)    $ e_mail = "aa@sina.com";
(18)    if (check_email( $ e_mail))
(19)      print "<br>". $ e_mail." 格式正确!";
(20)    else
(21)      print "<br>". $ e_mail." 格式不正确!";
(22) ?>
```

程序说明: 第 (2) 条语句调用已经定义的函数; 第 (3)～(5) 条语句调用 disp_hello ( ) 函数; 第 (6)～(8) 条语句调用 disp_id ( ) 函数; 第 (9)～(15) 条语句调用 check_id ( ) 函数; 第 (16)～(21) 条语句调用 check_email ( ) 函数。

例 5—27 程序的浏览结果如图 5—26 所示。

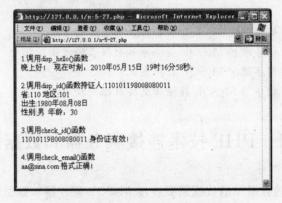

图 5—26　例 5—27 网页程序的浏览结果

思考题

1. 利用 PHP 技术设计的网页程序主要完成什么操作?
2. 完成例 5—1 体会设计 PHP 网页程序的过程。
3. PHP 技术可以处理哪些类型的数据? 各种类型的数据如何表示?
4. 什么是转义符? 怎样使用转义符?
5. 什么是变量? 怎样使用变量? 变量名称和变量值是什么关系?
6. 两个字符串连接操作用哪个符号?
7. 完成例 5—2, 体会赋值语句和运算符的使用方法。
8. 什么是数组变量? 使用数组变量有什么好处?
9. 给数组变量赋值有哪些方法?
10. 输出函数、中断函数的职能是什么?
11. 文件包含函数有哪些作用?
12. 完成例 5—4, 体会各种类型变量的使用方法和判断方法。
13. 总结和体会字符串操作函数的使用。
14. 完成本节例题, 体会字符操作函数、日期操作函数的用法。
15. 完成本节例题, 体会程序算法, 推断结果。

第6章 利用 PHP 技术管理数据库的数据

利用 PHP 技术设计的网页程序，编程人员可以对 MySQL 数据库和数据表的数据进行各种维护操作。本章介绍利用 PHP 网页程序维护 MySQL 数据库的技术。

【要点提示】

1. 掌握 PHP 网页程序连接 MySQL 服务器和数据库的方法。
2. 掌握 PHP 网页程序维护 MySQL 数据库和数据表的方法。
3. 掌握 PHP 网页程序维护 MySQL 数据表记录的方法。
4. 掌握 PHP 网页程序与 MySQL 数据库交换数据的技术。

6.1 PHP 技术连接服务器和数据库

利用 PHP 技术处理数据库的数据需要连接 MySQL 服务器和数据库，本节介绍 mysql_connect( )、mysql_select_db( )、mysql_query( )、mysql_close（ ）语句的使用。

6.1.1 MySQL 技术与 PHP 技术概述

1. MySQL 技术概述

MySQL 技术是管理 MySQL 服务器和存储数据库数据的软件。读者结合第 3 章的图 3—3 可以得知，在大型网站可以有多台计算机安装 MySQL 软件作为服务器，存储用户的数据库和数据表。在一台服务器中，可以存储多个用户建立的数据库和数据表文件。所以，编程人员在处理数据时，必须明确所处理的数据是哪个用户建立的、存储数据的服务器名称、数据库名称和数据表名称，这样才有可能对数据做各种加工处理，保证数据的真实、准确。

2. PHP 技术概述

PHP 技术是网页程序设计语言，利用 PHP 技术设计出的网页程序主要完成对网站数据的加工。PHP 技术主要应用在以下几个方面。

（1）处理客户端输入的数据。

例如，很多网站要求浏览者注册网站后才能浏览网站的信息，浏览者在"注册"网页页面输入个人资料后，处理数据的 PHP 网页程序需要对浏览者输入的数据进行检测、核对保存等操作，最终将输入的注册数据保存到网站数据库的数据表中。

（2）处理来自浏览者的查询数据的要求。

例如，浏览者登录网站的操作，当浏览者输入用户名和密码后，处理数据的 PHP 网页程序需要检索网站数据库的数据表的数据，如果用户名和密码正确，允许其登录，否则拒绝登录。另外，PHP 技术还用于数据的查询、统计等操作，利用 PHP 网页程序可以显示加工结果。

3. PHP 技术加工数据需要做的工作

利用 PHP 技术设计的网页程序能够实现对 MySQL 数据库的数据进行交互式处理。在设计网络数据库应用软件系统时，利用 PHP 技术加工 MySQL 数据库的数据需要做以下几项处理工作。

(1) 连接到 MySQL 服务器。

(2) 连接到 MySQL 数据库。

(3) 核对输入数据、保存、查询和加工数据表记录的数据。

(4) 关闭 MySQL 服务器。

6.1.2　PHP 技术连接 MySQL 服务器

1. 连接 MySQL 服务器概述

MySQL 服务器是指网站安装了 MySQL 软件的计算机。由于网站可能有多台服务器安装 MySQL 软件，所以每台服务器必须有一个服务器名称。如果只在一台服务器中安装 MySQL 软件，那么这台服务器的默认名称就是"localhost"。

在网站中 root 是网站 MySQL 软件数据库的管理员，管理员可以管理普通用户也可以建立数据库和数据表。另外，在网站管理员的管理下网站也允许普通用户维护自己的 MySQL 数据库和数据表。

所以利用 PHP 技术处理 MySQL 数据库时，需要明确连接的服务器名称和用户名称。

2. 连接 MySQL 服务器

(1) 连接 MySQL 服务器的语句。

〈连接服务器变量〉= mysql_connect(〈服务器名称〉,〈用户名称〉,〈访问密码〉) or
　　　　　　　　　die("服务器连接错误.")

例如，连接本地"localhost"、用户名是"root"、访问密码是"88888888"的 MySQL 服务器的语句如下：

```php
<?php
  $ conn = mysql_connect("localhost","root","88888888") or die("服务器连接错误.");
?>
```

这里 $ conn 是〈连接服务器变量〉的变量名，是后续程序处理的变量。这个命令格式是一个复合语句，如果正确连接了服务器，那么 $ conn 保存连接状态。但是，由于语句可能有拼写错误或者用户的密码有错误，将导致服务器连接失败，此时必须中断网页程序，所以将执行 die("服务器连接错误.") 语句。

(2) 利用变量引用的方法也可以连接到 MySQL 服务器。

```php
<?php
  $ host = "localhost"; $ user = "root"; $ password = "88888888";
  $ conn = mysql_connect( $ host, $ user, $ password) or die("服务器连接错误.");
?>
```

这里，$ host 是 MySQL 服务器名称；$ user 是用户名称；$ password 是访问密码。如果成功连接 MySQL 服务器，那么 $ conn 将保存 MySQL 服务器的连接状态。

6.1.3　PHP 技术连接 MySQL 数据库

1. 连接 MySQL 数据库概述

成功连接 MySQL 服务器后，可以维护 MySQL 服务器的数据库和数据表。由于一个用户可以存储多个 MySQL 数据库，所以，维护 MySQL 数据库时需要指明连接哪个 MySQL 数据库，然后才能加工数据库中数据表的数据。

2. 连接 MySQL 数据库

(1) 连接 MySQL 数据库的语句。

mysql_select_db(〈数据库名称〉,〈连接服务器变量〉) or die("数据库连接错误.")

例如，下列语句可以连接到文件名是"jxgl"的数据库。

```
〈? php
    $ conn = mysql_connect("localhost","root","88888888") or die("服务器连接错误.");
    mysql_select_db("jxgl", $ conn) or die("数据库连接错误.");
?〉
```

mysql_select_db（　）是连接数据库语句，由于语句可能有拼写错误，将导致数据库连接失败，此时必须中断网页程序，所以将执行 die（"数据库连接错误。"）语句。

(2) 利用变量引用的方法也可以连接到 MySQL 数据库。

```
〈?
    $ host = "localhost"; $ user = "root"; $ password = "88888888"; $ db_name = "jxgl"
    $ conn = mysql_connect( $ host, $ user, $ password) or die("服务器连接错误.");
    mysql_select_db( $ db_name, $ conn) or die("数据库连接错误.");
?〉
```

6.1.4　PHP 技术对数据的操作

1. PHP 技术对数据库的操作

本书在第 3 章中介绍了对数据库操作的知识，讲解了大量对数据库和数据表操作的命令，这些命令在输入时必须严格遵循命令格式的规范，所以适合专业人员操作。

利用 PHP 技术设计的网页程序，可以设计一个美观的适合普通浏览者操作的网页页面界面，借助这个网页页面管理数据，不需要记忆操作命令，PHP 网页程序可以自动完成对 MySQL 服务器数据库和数据表的操作，以此完成数据的管理工作。

2. 执行 MySQL 操作的语句

在 PHP 网页程序中，可以利用第 3 章介绍的 MySQL 语句维护数据库和数据表。利用 PHP 技术的 mysql_query（　）语句可以使得对数据库和数据表的操作语句生效。具体方法详见如下所述。

(1) 在 PHP 网页程序中可以建立一个变量如 $ cmd，可以将第 3 章介绍的 MySQL 操作语句保存到 $ cmd 变量中。

(2) 利用 PHP 技术提供的 mysql_query($ cmd, $ conn) 语句使得命令生效，得到处理结果。本书将这个结果保存在 $ result 结果变量中。后续程序可以对结果变量进一步加工。

在 PHP 技术中使得 MySQL 操作的语句生效，需要用到执行 MySQL 操作的语句：

〈MySQL 操作的结果变量〉= mysql_query(〈MySQL 操作语句〉, $ conn)，即：

```
$ result = mysql_query( $ cmd, $ conn) or die("mysql 命令失败");
```

在应用程序中只对 1 个数据库操作时，$ conn 可以省略。

例如，在 MySQL 中使用"select * from xsqk"语句，可以显示 xsqk 表的所有记录。将这个命令保存到 $ cmd，即：

```
$ cmd = "select * from xsqk";
```

利用 PHP 技术提供的执行 MySQL 操作的语句，即：

```
$ result = mysql_query( $ cmd, $ conn) or die("MySql 命令执行失败.");
```

上述语句与下列语句：

```
$ result = mysql_query("select * from xsqk", $ conn) or die("MySql 命令执行失败.");
```

是等效的，利用这个命令得到的数据集合保存到 $ result 变量中，后续可以对 $ result 进行处理。

6.1.5　关闭 MySQL 服务器

1. 概述

成功连接 MySQL 服务器后，可以维护服务器存储的数据库和数据表的数据，但是结束对数据的操作后应当关闭 MySQL 数据库和服务器。

程序中也可以不写关闭服务器的语句，当网页结束操作后会自动断开数据库的连接。

2. 语句格式

关闭 MySQL 服务器的语句格式：

```
mysql_close(〈连接服务器变量〉)
```

例如，关闭 $ conn 数据库使用下列语句：

```
mysql_close( $ conn);
```

利用 PHP 技术处理数据表的数据设计的网页程序大致流程，如图 6—1 所示。

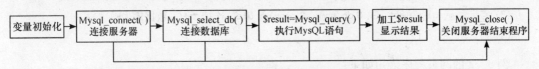

图 6—1　PHP 技术处理数据表的数据流程

【例 6—1】　设计网页程序"n-6-1. php"，连接本地"localhost"、用户名是"root"、访问密码是"88888888"的 MySQL 服务器。连接到文件名是"jxgl"的 MySQL 数据库，如果连接成功显示"连接 MySQL 数据库成功。"的提示，否则显示"连接 MySQL 数据库失败。"的提示。

例 6—1 设计的网页程序语句如下：

```
(1)   <?php
(2)     /* 步骤一:设置初始变量. */
(3)     $ host = "localhost"; $ user = "root"; $ password = "88888888"; $ db_name = "jxgl";
(4)     /* 步骤二:连接 MySQL 服务器. */
(5)     $ conn = mysql_connect( $ host, $ user, $ password)or die("连接 MySQL 服务器失败.");
```

147

(6)   /＊步骤三:连接 MySQL 数据库. ＊/

(7)   mysql_select_db($ db_name, $ conn)or die("连接 MySQL 数据库失败.");

(8)   /＊步骤四:显示连接结果. ＊/

(9)   print"MySQL 服务器: $ host 用户名称: $ user〈br〉";

(10)   print "数据库: $ db_name〈br〉";

(11)   print"连接 MySQL 数据库成功.";

(12)   mysql_close($ conn);

(13)   ?〉

例 6—1 设计的网页程序的浏览结果如图 6—2 所示。

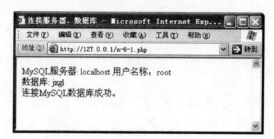

图 6—2   例 6—1 网页程序执行结果

【**例 6—2**】   设计网页程序 "n-6-2. php",利用包含函数连接服务器、数据库完成例 6—1。

本例介绍利用 include (   ) 函数处理的方法。由于连接数据库操作的语句格式是固定的,因此可以将其独立出来,建立名称为 n-link-file. php 网页程序,其他任何一个网页程序都可以调用 n-link-file. php 网页程序,这样设计软件系统更方便。

n-link-file. php 网页程序语句如下:

(1)   〈?php

(2) $ conn = mysql_connect($ host, $ user, $ password)or die("连接 MySQL 服务器失败.");

(3)   mysql_select_db($ db_name, $ conn)or die("连接 MySQL 数据库失败.");

(4)   ?〉

例 6—2 的网页程序语句如下:

(1)   〈?php

(2)   /＊步骤一:设置初始变量. ＊/

(3) $ host = "localhost"; $ user = "root"; $ password = "88888888"; $ db_name = "jxgl";

(4)   /＊步骤二:连接 MySQL 服务器. ＊/

(5)   include"n-link-file.php"; //调用 n-link-file.php 文件

(6)   /＊步骤 三:显示连接结果. ＊/

(7)   print"MySQL 服务器: $ host 用户名称: $ user 〈br〉";

(8)   print"数据库: $ db_name 〈br〉";

(9)   print"连接 MySQL 数据库成功.";

(10)   ?〉

6.2　PHP 技术对数据库的操作

本节主要讲述利用 PHP 技术处理 MySQL 数据库的方法,介绍利用 PHP 网页程序显示、建立、删除数据库的操作,说明 mysql_list_dbs( )、mysql_num_rows( )、mysql_tablename( )语句的使用。

6.2.1　利用 PHP 技术显示数据库

(1) mysql_list_dbs ( )——得到已经建立的数据库名称。

利用 mysql_list_dbs ( )语句可以得到 MySQL 服务器已经建立的数据库名称:

〈数据库名称变量〉= mysql_list_dbs(〈连接服务器变量〉)

例如,执行下列语句可以得到已经建立的数据库名称。

```php
<?php
    $ conn = mysql_connect("localhost","root","88888888")or die("服务器连接错误.");
    $ db_names = mysql_list_dbs( $ conn);
?>
```

这里 $ db _ names 是已经存在的数据库名称,是数组变量,一个单元存储一个数据库名字。

(2) mysql_num_rows ( )——得到已经建立的〈数据库名称变量〉的元素个数。

利用 mysql_num_rows ( )语句可以得到〈数据库名称变量〉的元素个数:

〈数据库个数变量〉= mysql_num_rows(〈数据库名称变量〉)

例如,下列语句可以得到已经建立的数据库名称的元素个数,即数据库的个数:

```php
<?php
    $ conn = mysql_connect("localhost","root","88888888")or die("服务器连接错误.");
    $ db_names = mysql_list_dbs( $ conn);
    $ db_count = mysql_num_rows( $ db_names);
?>
```

(3) mysql_tablename ( )——从〈数据库名称变量〉得到数据库的名称。

利用 mysql_tablename ( )语句可以从〈数据库名称变量〉得到数据库的名称:

〈数据库名称〉= mysql_tablename(〈数据库名称变量〉,第几个数据库文件)

例如,下列语句可以得到已经建立的第 2 个数据库的名称:

```php
<?php
    $ conn = mysql_connect("localhost","root","88888888")or die("服务器连接错误.");
    $ db_names = mysql_list_dbs( $ conn);
    $ db_name = mysql_tablename( $ db_names,1 );//计算机从 0 开始计数.
?>
```

【例 6—3】　设计网页程序"n-6-3.php",连接本地"localhost"、用户名是"root",访问密码是"88888888"的 MySQL 服务器。显示目前建立的数据库名称。

例6—3设计的网页程序语句如下：

```
(1)    <?php
(2)        <?php
(3)        $ host = "localhost"; $ user = "root"; $ password = "88888888";
(4)        $ conn = mysql_connect( $ host, $ user, $ password)or die("连接 MySQL 服务器失败.");
(5)        $ db_names = mysql_list_dbs( $ conn);              //得到已经建立的数据库名称.
(6)        $ db_count = mysql_num_rows( $ db_names);          //得到已经建立的数据库的个数.
(7)        print"<table border = 1>";                       //建立表格显示数据
(8)        print"<tr><td>序号</td><td>数据库名称</td>";          //显示表标题栏
(9)        for( $ i = 0, $ j = 1; $ i < $ db_count; $ i + +, $ j + +){  // $ j 表格序号
(10)         $ db_name = mysql_tablename( $ db_names, $ i);    //逐一显示已经建立的数据库名称.
(11)         print"<tr><td>". $ j."</td><td>". $ db_name."</td>";
(12)        }
(13)        print"</table >";
(14)    ?>
```

程序说明：第9条语句的 $j 用于显示表格的序号。

例6—3设计的网页程序浏览结果如图6—3所示。

图6—3 例6—3设计的网页程序浏览结果

6.2.2 利用 PHP 技术建立数据库

【**例6—4**】 设计网页程序"n-6-4. php"，连接本地"localhost"、用户名是"root"、访问密码是"88888888"的 MySQL 服务器。建立数据库 test。

例6—4设计的网页程序语句如下：

```
(1)    <?php
(2)    /* 步骤一:初始变量 */
(3)    $ host = "localhost"; $ user = "root"; $ pwd = "88888888";
(4)    $ db_name = "test"; $ tb_name = "test";
(5)    /* 步骤二:连接 MySQL 服务器. */
(6)    $ conn = mysql_connect( $ host, $ user, $ pwd) or
```

(7)　　　　die("连接 MySQL 服务器失败.");

(8)　/ * 步骤三:建立数据库. * /

(9)　$ cmd = "drop database if exists test";

(10) mysql_query($ cmd);

(11) $ cmd = "create database ". $ db_name;

(12) mysql_query($ cmd);

(13) print "成功建立数据库:". $ db_name ;

(14) ?>

程序说明:第（11）条语句是建立数据库的核心语句。

例 6—4 设计的网页程序的浏览结果如图 6—4 所示。

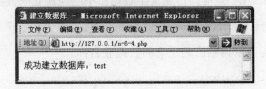

图 6—4　例 6—4 网页程序的浏览结果

6.2.3　利用 PHP 技术删除数据库

【**例 6—5**】　设计网页程序"n-6-5. php",连接本地"localhost"、用户名是"root"、访问密码是"88888888"的 MySQL 服务器。删除数据库 test。

例 6—5 设计的网页程序语句如下:

(1)　〈?php

(2)　/ * 步骤一:初始变量 * /

(3)　$ host = "localhost"; $ user = "root"; $ pwd = "88888888";

(4)　$ db_name = "test";

(5)　/ * 步骤二:连接 MySQL 服务器. * /

(6)　$ conn = mysql_connect($ host, $ user, $ pwd) or

(7)　　　　die("连接 MySQL 服务器失败.");

(8)　/ * 步骤三:删除数据库. * /

(9)　$ cmd = "drop database if exists test";

(10) mysql_query($ cmd);

(11) print "成功删除数据库:". $ db_name ;

(12) ?>

程序说明:第（9）条语句是删除数据库的核心语句。

例 6—5 设计的网页程序的浏览结果如图 6—5 所示。

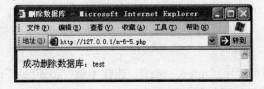

图 6—5　例 6—5 网页程序的浏览结果

6.3　PHP 技术对数据表的操作

本节介绍利用 PHP 技术管理 MySQL 数据库的数据表的方法，包括显示、建立、删除数据表和显示数据表字段的操作，说明 mysql_list_tables（　）、mysql_tablename（　）、mysql_list_fields（　）、mysql_num_fields（　）、mysql_field_name（　）语句的使用。

6.3.1　显示已经建立的数据表

（1）得到已经建立的数据表的信息。

利用 mysql_list_tables（　）可以得到某个数据库中已经建立的数据表名称：

〈数据表名称变量〉= mysql_list_tables(数据库名称,〈连接服务器变量〉)

例如，执行下列语句可以得到已经建立的数据表名称。

```
$ conn = mysql_connect("localhost","root","88888888")or die("服务器连接错误.");
$ tb_names = mysql_list_tables("jxgl", $ conn)
```

这里 $ tb_names 是得到的已经存在的数据表名称，$ tables 是数组变量，一个数组单元存储一个数据表名称。

（2）得到指定数据库的〈数据表名称变量〉的元素个数。

如果要得到指定数据库的〈数据表名称变量〉的元素个数，可以用语句：

〈数据表个数变量〉= mysql_num_rows(〈数据表名称变量〉)

例如，执行下列语句可以得到已经建立的数据表名称的元素个数即数据表的个数。

```
<?php
  $ conn = mysql_connect("localhost","root","88888888")or die("服务器连接错误.");
  $ tb_names = mysql_list_tables("jxgl", $ conn);
  $ tb_count = mysql_num_rows( $ tb_names);
?>
```

（3）从数据表名称变量得到数据表的名称。

利用 mysql_tablename（　）语句可以从〈数据表名称变量〉得到数据表的名称：

〈数据表名称〉= mysql_tablename(〈数据表名称变量〉,第几个数据表文件)

例如，执行下列语句可以得到已经建立的第 2 个数据表的名称。

```
<?php
  $ conn = mysql_connect("localhost","root","88888888")or die("服务器连接错误.");
  $ tb_names = mysql_list_tables("jxgl", $ conn);
  $ tb_name = mysql_tablename( $ tb_names,1 );       //计算机从 0 开始计数.
?>
```

【例 6—6】　设计网页程序"n-6-6. php"，连接本地"localhost"、用户名是"root"，访问密码是"88888888"的 MySQL 服务器。显示"jxgl"数据库中建立的数据表名称。

例 6—6 设计的网页程序语句如下：

```
(1)    <?php
(2)        $ host = "localhost"; $ user = "root"; $ password = "88888888";
(3)        $ db_name = "jxgl";
(4)        $ conn = mysql_connect( $ host, $ user, $ password)or die("连接 MySQL 服务器失败.");
(5)        $ tb_names = mysql_list_tables( $ db_name, $ conn);//得到 jxgl 数据库已经建立的数据
                                                                      表列表.
(6)        $ tb_count = mysql_num_rows( $ tb_names);      //数据表个数.
(7)        print"数据库名称:". $ db_name;                  //建立表格显示数据
(8)        print"<table border = 1>";
(9)        print"<tr><td>序号</td><td>数据表名称</td>";
(10)       for( $ i = 0, $ j = 1; $ i< $ tb_count; $ i+ + , $ j+ +){
(11)         $ tb_name = mysql_tablename( $ tb_names, $ i);    //得到数据表名称
(12)         print"<tr><td>". $ j."</td><td>". $ tb_name."</td>";
(13)       }
(14)       print"</table >";
(15)    ?>
```

程序说明:第（10）条语句的 $ j 用于显示表格的序号。

例 6—6 设计的网页程序浏览结果如图 6—6 所示。

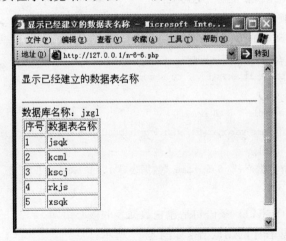

图 6—6　例 6—6 设计的网页程序浏览结果

6.3.2　利用 PHP 技术建立数据表

【例 6—7】　设计网页程序"n-6-7. php",连接本地"localhost"、用户名是"root"、访问密码是"88888888"的 MySQL 服务器。建立数据库 test,然后在 test 数据库建立 test 数据表,字段有 name/varchar/8、addr/varchar/40。

　　例题分析:在 test 数据库,利用 PHP 技术设计的网页程序中输入下列语句。

```
<?php
  $ cmd = "drop table if exists test";
  mysql_query( $ cmd);
  $ cmd = "create table  test(name varchar(8),addr varchar(40))";
```

```
    mysql_query( $ cmd);
  ?>
```

可以建立数据表。

例6—7设计的网页程序语句如下：

```
(1)  <?php
(2)  /*步骤一:初始变量*/
(3)  $ host = "localhost"; $ user = "root"; $ pwd = "88888888";
(4)  $ db_name = "test"; $ tb_name = "test";
(5)  /*步骤二:连接 MySQL 服务器.*/
(6)  $ conn = mysql_connect( $ host, $ user, $ pwd) or
(7)         die("连接 MySQL 服务器失败.");
(8)  /*步骤三:建立数据库.*/
(9)  $ cmd = "drop database if exists test";
(10) mysql_query( $ cmd);
(11) $ cmd = "create database test ";
(12) mysql_query( $ cmd);
(13) /*步骤四:连接数据库.*/
(14) mysql_select_db( $ db_name, $ conn)or
(15)        die("连接数据库失败.");
(16) mysql_query("SET NAMES 'GB2312'");
(17) /*步骤五:建立数据表 $ tb_name.*/
(18) $ cmd = "drop table if exists". $ tb_name;
(19) mysql_query( $ cmd);
(20) $ cmd = "create table". $ tb_name;
(21) $ cmd = $ cmd."(name varchar(8),addr varchar(40))";
(22) mysql_query( $ cmd);
(23) print"成功建立数据库:". $ db_name."数据表:". $ tb_name ;
(24) ?>
```

程序说明： 第（20）～（21）条语句是建立数据表的核心语句。

例6—7设计的网页程序的浏览结果如图6—7所示。

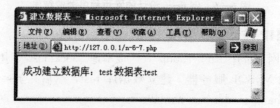

图6—7　例6—7网页程序的浏览结果

6.3.3　利用 PHP 技术删除数据表

【例6—8】　设计网页程序"n-6-8.php"，连接本地"localhost"、用户名是"root"、访问密码是"88888888"的 MySQL 服务器。在 test 数据库，删除 test 数据表。

例题分析：利用 PHP 技术设计的网页程序中输入下列语句。

```
$ cmd = "drop  table  if  exists test";
mysql_query( $ cmd);
```

可以删除数据表。

例 6—8 设计的网页程序语句如下：

```
(1)  <?php
(2)  /* 步骤一:初始变量 */
(3)   $ host = "localhost"; $ user = "root"; $ pwd = "88888888";
(4)   $ db_name = "test"; $ tb_name = "test";
(5)  /* 步骤二:连接 MySQL 服务器. */
(6)   $ conn = mysql_connect( $ host, $ user, $ pwd) or
(7)      die("连接 MySQL 服务器失败.");
(8)  /* 步骤三:连接数据库. */
(9)  mysql_select_db( $ db_name, $ conn)or
(10)     die("连接数据库失败.");
(11) mysql_query("SET NAMES 'GB2312'");
(12) /* 步骤四:删除数据表 $ tb_name. */
(13) $ cmd = "drop table if exists". $ tb_name;
(14) mysql_query( $ cmd);
(15) print"成功删除了数据表:". $ tb_name;
(16) ?>
```

程序说明：第（13）条语句是删除数据表的核心语句。

例 6—8 设计的网页程序的浏览结果如图 6—8 所示。

图 6—8　例 6—8 网页程序的浏览结果

6.3.4　利用 PHP 技术显示数据表的字段

（1）得到数据表中字段名称。

得到数据表中建立的字段名称变量，可以用语句：

〈数据表字段变量〉= mysql_list_fields(〈数据库名称〉,〈数据表名称〉,〈连接服务器变量〉)

例如，得到 test 数据库 test 数据表的字段名称，可以执行下列语句。

```
<?php
  $ conn = mysql_connect("localhost","root","88888888");
  $ fields = mysql_list_fields("test","test", $ conn);
?>
```

这里 $ fields 是数据表的字段名称变量，是数组变量，一个数组单元存储一个字段名称。

（2）得到数据表中建立的字段个数。

得到数据表中建立的字段个数，可以用语句：

〈数据表字段个数〉= mysql_num_fields(〈数据表字段变量〉)

例如，得到 test 数据库 test 数据表的字段名个数，可以执行下列语句。

```php
<?php
    $ conn = mysql_connect("localhost","root","88888888");
    $ fields = mysql_list_fields("test","test", $ conn);
    $ fields_count = mysql_num_fields( $ fields);
?>
```

$ fields_count 存储的是已经建立的数据表的字段个数。

（3）得到数据表的字段名称。

得到数据表的字段名称，可以用语句：

〈数据表字段名称〉= mysql_field_name(〈数据表字段变量〉,第几个字段名) 即：

```php
<?php  $ fields_name = mysql_field_name( $ fields, $ i);?>
```

$ fields_name 是 $ fields 中的第 $ i 个元素的名称.

【例 6—9】 设计网页程序"n-6-9. php"，连接本地"localhost"、用户名是"root"、访问密码是"88888888"的 MySQL 服务器。显示 test 数据库，test 数据表的字段名称和字段数。

例 6—9 设计的网页程序语句如下：

```php
(1)  <?php
(2)  /* 步骤一:初始变量 */
(3)  $ host = "localhost"; $ user = "root"; $ pwd = "88888888";
(4)  $ db_name = "test"; $ tb_name = "test";
(5)  /* 步骤二:连接 MySQL 服务器. */
(6)  $ conn = mysql_connect( $ host, $ user, $ pwd) or
(7)      die("连接 MySQL 服务器失败.");
(8)  /* 步骤三:连接数据库. */
(9)  mysql_select_db( $ db_name, $ conn)or
(10)     die("连接数据库失败.");
(11) mysql_query("SET NAMES 'GB2312'");
(12) /* 步骤四得到 $ db_name 数据库 $ tb_name 数据表的字段信息. */
(13) $ fields = mysql_list_fields( $ db_name, $ tb_name, $ conn)or
(14)             die(" $ tb_name 数据表不存在.");
(15) /* 得到数据表的字段个数. */
(16) $ field_count = mysql_num_fields( $ fields);
(17) /* 显示数据表字段名. */
(18) print $ tb_name."数据表文件的字段名包括:<br>";
(19) print"<table border = 1>";
```

```
(20)  print"<tr><td>序号</td><td>数据库名称</td>";
(21)  $i=0;
(22)  while($i<$field_count){
(23)      $field_name=mysql_field_name($fields,$i)."<br>";
(24)      $i=$i+1;
(25)      print"<tr><td>".$i."</td><td>".$field_name."</td>";
(26)  }
(27)  print"</table>";
(28)  print $tb_name."数据表的字段个数:";
(29)  print $field_count;
(30)  ?>
```

例 6—9 设计的网页程序的浏览结果如图 6—9 所示。

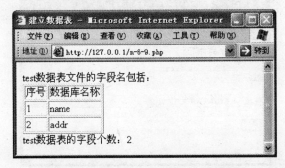

图 6—9　例 6—9 网页程序的浏览结果

6.4　PHP 技术对数据表记录的操作

本节以建立的数据表文件 test（name/varchar/8，addr/varchar/40）为案例，介绍利用 PHP 网页对数据表的记录进行增加、修改、删除、查询、计算等操作的方法。

6.4.1　利用 PHP 技术增加记录

利用 PHP 技术增加记录需要利用如下的例 6—10 设计的网页程序接收增加的记录内容，然后利用例 6—11 设计的网页程序将接收的内容增加到数据表中。

【例 6—10】　设计网页程序"n-6-10.html"，任意输入姓名（name）、住址（addr），数据检测权交由"n-6-10.php"程序处理，将输入的数据增加到 test 数据表。

例 6—10 设计的网页程序语句如下：

```
(1)  <html xmlns="http://www.w3.org/1999/xhtml">
(2)  <head>
(3)  <meta http-equiv="Content-Type"content="text/html; charset=utf-8"/>
(4)  <title>增加记录</title>
(5)  </head>
(6)  <body>
```

(7)　〈p〉输入记录的网页〈/p〉

(8)　〈form id = "form1"name = "form1"method = "post"action = "n-6-10.php"〉

(9)　　〈p〉姓名：〈input type = "text"name = "name" /〉〈/p〉

(10)　　〈p〉住址：〈input name = "addr"type = "text" size = "50"/〉〈/p〉

(11)　　〈p〉〈input type = "submit"name = "button" value = "提交"/〉〈/p〉

(12)　〈/form〉

(13)　〈/body〉

(14)　〈/html〉

程序说明：该程序第（8）～（12）条语句利用表单技术接收浏览者输入的姓名和住址，单击"提交"按钮，n-6-10. php 网页程序处理输入的数据。

例 6—10 设计的网页程序浏览结果如图 6—10 所示。

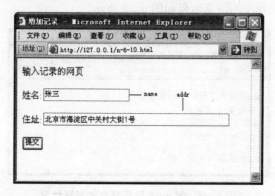

图 6—10　例 6—10 设计的网页程序浏览结果

【例 6—11】　设计网页程序"n-6-10. php"，连接本地"localhost"、用户名是"root"、访问密码是"88888888"的 MySQL 服务器，将例 6—10 设计的网页程序输入的数据保存到 test 数据库的 test 数据表。

例题分析：如图 6—10 所示，在 MySQL 数据库增加数据表记录的方法是输入下列语句：

insert into test(name,addr)values('张三','北京市海淀区中关村大街 1 号');

在 PHP 技术设计的网页程序中，需要将增加数据表记录的语句保存到 $cmd 变量，例如：

$cmd = "insert into test(name,addr)values('张三','北京市海淀区中关村大街 1 号')";

同时，在 PHP 技术设计的网页程序中加入：

mysql_query($cmd);

语句可以增加数据表的记录。

例 6—11 设计的网页程序语句如下：

(1)　〈html xmlns = "http://www.w3.org/1999/xhtml"〉

(2)　〈head〉

(3)　〈meta http-equiv = "Content-Type"content = "text/html; charset = GB2312"/〉

(4)　〈title〉增加记录〈/title〉

(5)　〈/head〉

(6)　⟨body⟩

(7)　⟨p⟩输入记录的网页⟨/p⟩

(8)　⟨?php

(9)　/ * 步骤一:初始变量 * /

(10)　$ host = "localhost"; $ user = "root"; $ pwd = "88888888";

(11)　$ db_name = "test"; $ tb_name = "test";

(12)　$ name = $ _POST["name"]; $ addr = $ _POST["addr"];

(13)　/ * 步骤二:连接 MySQL 服务器. * /

(14)　$ conn = mysql_connect($ host, $ user, $ pwd) or

(15)　　　die("连接 MySQL 服务器失败.");

(16)　/ * 步骤三:连接数据库. * /

(17)　mysql_select_db($ db_name, $ conn)or

(18)　　　die("连接数据库失败.");

(19)　mysql_query("SET NAMES 'GB2312'");

(20)　?⟩⟨! -- 步骤四:显示输入的信息　　-- ⟩

(21)　⟨form id = "form1"name = "form1"method = "post"action = ""⟩

(22)　⟨p⟩姓名:⟨input name = "name"type = "text"readonly value = "⟨?php print $ name; ?⟩"⟩ ⟨/p⟩

(23)　⟨p⟩住址:⟨input name = "addr"type = "text"readonly value = "⟨?php print $ addr;?⟩"size = "30"⟩⟨/p⟩

(24)　⟨/form⟩

(25)　⟨?php //步骤五:检测数据

(26)　if(empty($ name)or empty($ addr)){

(27)　　print"输入姓名、地址.⟨br⟩";

(28)　} else{ //步骤六:保存数据

(29)　　$ cmd = "insert into". $ tb_name. "(name, addr)values(". "'". $ name. "'". ",". "'". $ addr. "\")";

(30)　　mysql_query($ cmd);

(31)　　print "被增加到数据表.";

(32)　}?⟩

(33)　⟨p⟩⟨a href = "n-6-10. html"⟩返回⟨/a⟩⟨/p⟩

(34)　⟨/body⟩

(35)　⟨/html⟩

程序说明: 该程序第 (21)~(24) 条语句利用表单技术显示浏览者输入的姓名和住址,表单的文本域设置成为 readonly,表示数据不得修改。第 (26) 条语句检测数据是否有效。如果有效,执行第 (29)~(31) 条语句,将输入的数据保存到数据表。

例 6—11 设计的网页程序的浏览结果如图 6—11 所示。

6.4.2　利用 PHP 技术修改记录

利用 PHP 技术修改记录需要利用如下的例 6—12 设计的网页程序接收要修改的记录,然后利用例 6—13 设计的网页程序接收修改的内容,最后利用例 6—14 设计的网页程序将接收的内容修改保存到数据表中。

【例 6—12】　设计网页程序 "n-6-12. html",输入人员姓名后,数据检测权交由 "n-6-12-

159

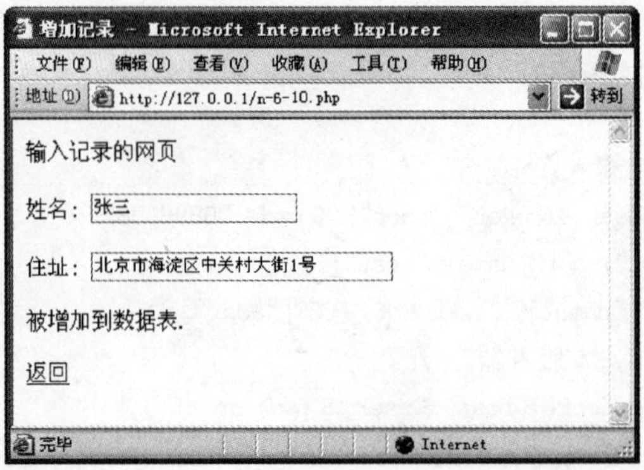

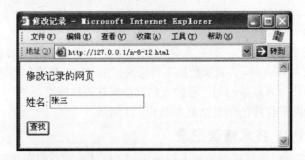

图 6—11　例 6—11 设计的网页程序的浏览结果

1. php" 程序处理，修改其住址信息。

例 6—12 设计的网页程序语句如下：

(1)　⟨html xmlns = "http://www.w3.org/1999/xhtml"⟩

(2)　⟨head⟩

(3)　⟨meta http-equiv = "Content-Type"content = "text/html; charset = utf-8"/⟩

(4)　⟨title⟩修改记录⟨/title⟩

(5)　⟨/head⟩

(6)　⟨body⟩

(7)　⟨p⟩修改记录的网页⟨/p⟩

(8)　⟨form id = "form1"name = "form1"method = "post"action = "n-6-12-1.php"⟩

(9)　　⟨p⟩姓名：⟨input type = "text"name = "name" /⟩ ⟨/p⟩

(10)　　⟨p⟩⟨input type = "submit"name = "button" value = "查找"/⟩ ⟨/p⟩

(11)　　⟨/form⟩

(12)　⟨/body⟩

(13)　⟨/html⟩

程序说明：该程序第 (8)～(11) 条语句利用表单技术接收浏览者输入的姓名，单击"查找"按钮，n-6-12-1. php 网页程序处理输入的数据。

例 6—12 设计的网页程序的浏览结果如图 6—12 所示。

图 6—12　例 6—12 设计的网页程序的浏览结果

【例 6—13】　设计网页程序 "n-6-12-1. php"，根据输入的人员姓名，显示其住址，修改内容后，数据检测权交由 "n-6-12-2. php" 程序处理，保存修改的信息。

例 6—13 设计的网页程序语句如下：

(1) 〈html xmlns = "http://www.w3.org/1999/xhtml"〉

(2) 〈head〉

(3) 〈meta http-equiv = "Content-Type"content = "text/html; charset = utf-8"/〉

(4) 〈title〉修改记录〈/title〉

(5) 〈/head〉

(6) 〈body〉

(7)   〈p〉修改记录的网页〈/p〉

(8) 〈?php

(9) $ name = $ _POST["name"];

(10)   if(empty($ name)){

(11)   die("请输入姓名.〈a href = \"n-6-12.html\"〉返回〈/a〉");

(12) } else{

(13) / * 步骤一:初始变量 * /

(14) $ host = "localhost"; $ user = "root"; $ pwd = "88888888";

(15) $ db_name = "test"; $ tb_name = "test";

(16) / * 步骤二:连接 MySQL 服务器. * /

(17) $ conn = mysql_connect($ host, $ user, $ pwd) or

(18)   die("连接 MySQL 服务器失败.");

(19) / * 步骤三:连接数据库. * /

(20) mysql_select_db($ db_name, $ conn)or

(21)   die("连接数据库失败.");

(22) mysql_query("SET NAMES 'GB2312'");

(23) / * 步骤四:修改记录. * /

(24) $ cmd = "select * from". $ tb_name. "where name = "."\"". $ name. "'";

(25) $ result = mysql_query($ cmd);

(26) $ r = mysql_num_rows($ result);

(27) if ($ r<1){

(28)   die ("查无此人.〈a href = \"n-6-10.html\"〉返回〈/a〉");

(29) } else {

(30) $ rec = mysql_fetch_row($ result);

(31) $ addr = $ rec[1];

(32) }

(33) }

(34) ?>

(35) 〈form id = "form1"name = "form1"method = "post"action = "n-6-12-2.php"〉

(36) 〈p〉姓名:〈input name = "name"type = "text"readonly size = "20"value = 〈?php echo $ name ?〉〉〈/p〉.

(37) 〈p〉住址:〈input name = "addr1"type = "text"readonly size = "50"value = 〈?php echo $ addr ?〉〉〈/p〉

(38) 〈hr /〉

(39) 〈p〉修改住址:〈input name = "addr2"type = "text"size = "50"value = 〈?php echo $ addr ?〉〉〈/p〉

(40) 〈p〉〈input type = "submit"name = "button"id = "button"value = "保存"/〉〈/p〉

(41) 〈/form〉

161

(42)　〈p〉〈a href = "n-6-12.html"〉返回〈/a〉〈/p〉〈/body〉

(43)　〈/html〉

程序说明： 该程序第（10）条语句检测是否输入了姓名。第（24）条语句检测输入的姓名是否存在。如果姓名存在第（35）～（41）条语句利用表单技术显示姓名和住址，提供修改住址输入区域，单击"保存"按钮，n-6-10-2. php 网页程序处理输入的数据。

例 6—13 设计的网页程序的浏览结果如图 6—13 所示。

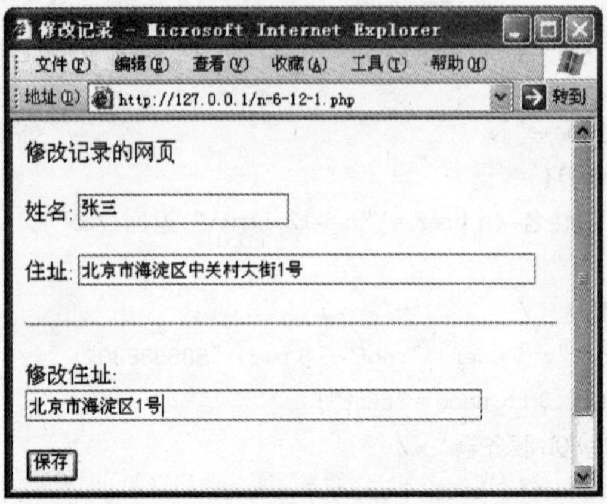

图 6—13　例 6—13 设计的网页程序的浏览结果

【例 6—14】　设计网页程序 "n-6-10-2. php"，连接本地 "localhost"、用户名是 "root"、访问密码是 "88888888" 的 MySQL 服务器，对 test 数据库的 test 数据表，保存修改的住址信息。

例题分析：以图 6—13 为例，在 MySQL 数据库修改数据表记录的方法是输入下列语句：

update test set addr = '…' where name = '张三';

在 PHP 技术设计的网页程序中，需要将修改数据表记录的语句保存到 $ cmd 变量，例如：

$ cmd = "update test set addr = '…' where name = '张三';

同时，在 PHP 技术设计的网页程序中加入：

mysql_query($ cmd);

语句就可以修改数据表文件的记录了。

例 6—14 设计的网页程序语句如下：

(1)　〈html xmlns = "http://www.w3.org/1999/xhtml"〉

(2)　〈head〉

(3)　〈meta http-equiv = "Content-Type"content = "text/html; charset = utf-8"/〉

(4)　〈title〉修改记录〈/title〉

(5)　〈/head〉

(6)　〈body〉

(7)　〈form id = "form1"name = "form1"method = "post"action = ""〉

(8)　　〈p〉姓名：〈input name = "name"type = "text"readonly size = "20"value = 〈?php echo $ name

```
              ?〉〉〈/p〉
(9)      〈p〉住址：〈input name = "addr"type = "text"readonly size = "50"value = 〈?php echo $ addr2
              ?〉〉〈/p〉
(10)      〈/form〉
(11)      〈?php
(12)          $ name = $ _POST["name"];
(13)          $ addr2 = $ _POST["addr2"];
(14)          if(empty( $ addr2))
(15)              die("请输入新住址.修改无效.〈a href = 'n-6-12.html'〉返回〈/a〉");
(16)      /∗变量初始化.∗/
(17)      $ host = "localhost"; $ user = "root"; $ pwd = "88888888";
(18)      $ db_name = "test"; $ tb_name = "test";
(19)      $ name = $ _POST["name"]; $ addr = $ _POST["addr"];
(20)      /∗连接 MySQL 服务器.∗/
(21)      $ conn = mysql_connect( $ host, $ user, $ pwd) or die("连接 MySQL 服务器失败.");
(22)      /∗连接数据库.∗/
(23)      mysql_select_db( $ db_name, $ conn)or die("连接数据库失败.");
(24)      mysql_query("SET NAMES 'GB2312'");
(25)      $ cmd = "update". $ tb_name." set addr = "."'". $ addr2."'"." where name = "."'".
              $ name."'";
(26)      mysql_query( $ cmd);
(27)      print"记录被修改到数据表.";
(28)      ?〉
(29)      〈p〉〈a href = "n-6-12.html"〉返回〈/a〉〈/p〉
(30)      〈/body〉
(31)      〈/html〉
```

　　程序说明：该程序第（7）～（10）条语句利用表单技术显示姓名和新修改的住址。第（14）条语句检测是否输入了新住址。第（25）～（27）条语句修改数据。

　　例 6—14 设计的网页程序的浏览结果如图 6—14 所示。

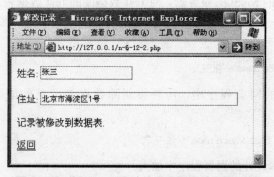

图 6—14　例 6—14 设计的网页程序的浏览结果

6.4.3　利用 PHP 技术删除记录

利用 PHP 技术删除记录，需要利用如下的例 6—15 设计的网页程序接收要删除的记录，

163

然后利用例 6—16 设计的网页程序将记录从数据表中删除。

　　【例 6—15】　设计网页程序"n-6-15. html"，输入被删除人的姓名，单击"删除"按钮，数据检测权交由"n-6-15. php"程序处理。

　　例 6—15 设计的网页程序语句如下：

(1)　〈html xmlns = "http://www.w3.org/1999/xhtml"〉

(2)　〈head〉

(3)　〈meta http-equiv = "Content-Type"content = "text/html; charset = utf-8"/〉

(4)　〈title〉删除记录〈/title〉

(5)　〈/head〉

(6)　〈body〉

(7)　〈p〉删除记录的网页〈/p〉

(8)　　〈form id = "form1"name = "form1"method = "post"action = "n-6-15. php"〉

(9)　　　〈p〉姓名：〈input type = "text"name = "name" /〉〈/p〉

(10)　　　〈p〉〈input type = "submit"name = "button" value = "删除"/〉〈/p〉

(11)　　〈/form〉

(12)　〈/body〉

(13)　〈/html〉

　　例 6—15 设计的网页程序的浏览结果如图 6—15 所示。

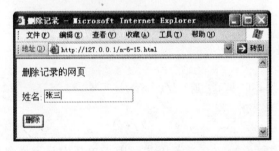

图 6—15　例 6—15 设计的网页程序的浏览结果

　　【例 6—16】　设计网页程序"n-6-15. php"，连接本地"localhost"、用户名是"root"、访问密码是"88888888"的 MySQL 服务器，对 test 数据库的 test 数据表，删除输入的记录。

　　例题分析：以图 6—15 为例，在 MySQL 数据库删除 name 是"张三"的记录输入下列语句：

delete from test where name = '张三';

　　在 PHP 技术设计的网页程序中，需要将删除数据表记录的语句保存到 $ cmd 变量，例如：

$ cmd = "delete from test where name = '张三'";

　　同时，在 PHP 技术设计的网页程序中加入：

mysql_query($ cmd);

语句就可以删除数据表文件的记录。

　　例 6—16 设计的网页程序语句如下：

```
(1)   <html xmlns = "http://www.w3.org/1999/xhtml">
(2)   <head>
(3)   <meta http-equiv = "Content-Type"content = "text/html; charset = utf-8"/>
(4)   <title>删除记录</title>
(5)   </head>
(6)   <body>
(7)   <?php
(8)   print"删除记录的网页 <hr>";
(9)   if(empty( $ name))
(10)     die ("请输入姓名. 请<a href = 'n-6-15. html'>返回</a>");
(11) /*步骤一:初始变量*/
(12)  $ host = "localhost"; $ user = "root"; $ pwd = "88888888";
(13)  $ db_name = "test"; $ tb_name = "test";
(14)  $ name = trim( $ _POST["name"]);
(15) /*步骤二:连接 MySQL 服务器.*/
(16)  $ conn = mysql_connect( $ host, $ user, $ pwd) or
(17)        die("连接 MySQL 服务器失败.");
(18) /*步骤三:连接数据库.*/
(19)  mysql_select_db( $ db_name, $ conn)or
(20)    die("连接数据库失败.");
(21)  mysql_query("SET NAMES 'utf8'");
(22) /*步骤四:修改记录.*/
(23)  $ cmd = "select * from". $ tb_name. "where name = "."'". $ name. "'";
(24)  $ result = mysql_query( $ cmd);
(25)  $ r = mysql_num_rows( $ result);
(26) if ( $ r>1){
(27)    $ rec = mysql_fetch_row( $ result);
(28)    $ addr = $ rec[1];
(29) ?>
(30)   <form id = "form1"name = "form1"method = "post"action = "">
(31)   <p>姓名:
(32)      <input name = "name"type = "text" size = "20"value = <?php print $ name ?>/>
(33)   </p>
(34)   <p>住址: <input name = "addr"type = "text" size = "50"value = <?php print $ addr ?>/>
(35)   </p>
(36) </form>
(37)   <p>
(38)      <?php
(39)    $ cmd = "delete from ". $ tb_name. "where name = "."'". $ name. "'";
(40)    mysql_query( $ cmd);
(41)    print "记录被删除…请<a href = 'n-6-15. html'>返回</a>";
(42) }else{
```

(43)　　　print"查无此人. 请<a href = 'n-6-15.html'>返回</a>";

(44)　　　}

(45)　?></p>

(46)　<p><a href = "n-6-15.html">返回</a> </p>

(47)　</body>

(48)　</html>

例 6—16 设计的网页程序的浏览结果如图 6—16 所示。

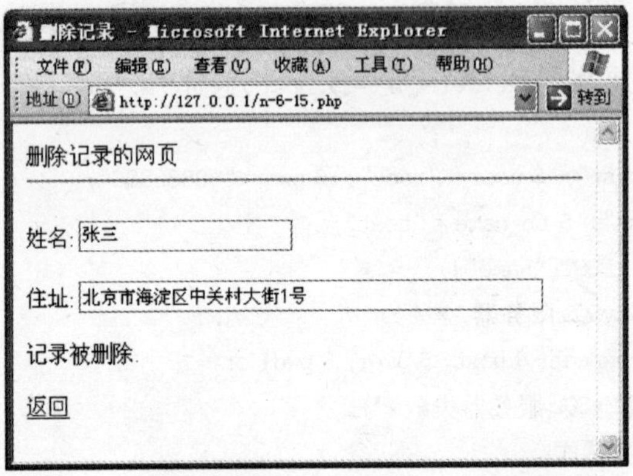

图 6—16　例 6—16 设计的网页程序的浏览结果

6.4.4　利用 PHP 技术检索记录

检索记录是指从数据表中得到满足条件的记录，一般用 select 语句完成检索记录的操作。利用 PHP 技术可以从数据表中检索记录，得到数据集合后，可以使用以下语句对数据表的记录进行加工。

（1）mysql_fetch_row（　）——获取一条记录。

mysql_fetch_row（　）语句是从数据表集合中得到一条记录，将记录的字段值保存到指定的数组变量中，例如 $ rec。数据表记录的第一个字段的值放入到第零个单元 $ rec [0]、第二个字段的值放入到第一个单元 $ rec [1]、第三个字段的值放入第二个单元 $ rec [2]，以此类推。

例如，得到数据表一条记录需要下列语句：

```
<?php
  $ cmd = "select * from test"           //得到 test 数据表全部记录的命令.
  $ result = mysql_query( $ cmd, $ conn); //得到记录的命令生效.
  $ rec = mysql_fetch_row( $ result);     //从 $ result 取得一条记录保存到 $ rec 中.
  print $ rec[0];
  print $ rec[1];
?>
```

（2）mysql_fetch_array（　）——获取一条记录。

mysql_fetch_array（　）语句是从数据表集合中得到一条记录，将记录的字段值保存到指定的数组变量中，例如 $ rec。数组单元可以用数据表的字段名，例如 $ rec [name]、$ rec [addr]。

例如，得到数据表一条记录需要下列语句：

```php
<?php
    $ cmd = "select * from test"              //得到 test 数据表全部记录的命令.
    $ result = mysql_query( $ cmd, $ conn);    //得到记录的命令生效 .
    $ rec = mysql_fetch_array( $ result);      //从 $ result 取得一条记录保存到 $ rec 中.
    print $ rec[name];
    print $ rec[addr];
?>
```

（3）mysql_number_rows（　）——得到记录数。

mysql_number_rows（　）语句是从数据表提取的结果中得到记录个数的语句。

例如，得到 test 数据表记录个数需要执行下列语句：

```php
<?php
    $ mysql_command = "select * from test"        //得到 my_test 数据表记录的命令
    $ result = mysql_query( $ mysql_command, $ conn);  //得到 $ cmd 执行结果
    $ rec_count = mysql_number_rows( $ result);    //从 $ result 记录个数
?>
```

【例 6—17】　设计网页程序"n-6-17.php"，连接本地"localhost"、用户名是"root"、访问密码是"88888888"的 MySQL 服务器，显示 test 数据库的 test 数据表所有记录。

例题分析：如本书第 3 章所述，在 MySQL 提取数据表记录的方法需要输入下列语句：

```
select * from test ;
```

如果在数据表文件提取记录，那么在 PHP 技术设计的网页程序中，需要将提取数据表记录的语句保存到变量中，例如：

```
$ cmd = "select * from test ";
```

所以，在 PHP 技术设计的网页程序中加入：

```
$ result = mysql_query( $ cmd, $ conn);
```

语句就可以提取数据表文件的记录了。利用语句：

```
$ rec = mysql_num_rows( $ result);
```

得到一个记录。$ rec 是数组，存储的是记录每个字段的值，将 $ rec 的每一个单元的元素值逐一显示就可以了。

例 6—17 设计的网页程序语句如下：

（1）〈html xmlns = "http://www.w3.org/1999/xhtml"〉

（2）〈head〉

（3）〈meta http-equiv = "Content-Type"content = "text/html; charset = utf-8"/〉

（4）〈title〉无标题文档〈/title〉

（5）〈/head〉

（6）〈body〉

（7）〈?php

（8）/ * 步骤一:初始变量 * /

（9）$ host = "localhost"; $ user = "root"; $ pwd = "88888888";

(10) $ db_name = "test"; $ tb_name = "test";

(11) /＊步骤二:连接数据库服务器.＊/

(12) $ conn = mysql_connect($ host, $ user, $ pwd) or die("连接数据库服务器失败.");

(13) /＊步骤三:连接数据库.＊/

(14) mysql_select_db($ db_name, $ conn)or

(15)   die("连接数据库失败.");

(16) mysql_query("SET NAMES 'GB2312'");

(17) /＊步骤四:得到数据记录集合＊/

(18) $ fields = mysql_list_fields($ db_name, $ tb_name, $ conn);

(19) $ field_count = mysql_num_fields($ fields);

(20)   /＊显示数据表字段名.＊/

(21)   print"<table border = 1>";

(22)   print"<tr><td>序号</td>";

(23)   for($ i = 0; $ i< $ field_count; $ i = $ i+1){

(24) $ field_name = mysql_field_name($ fields, $ i);

(25)   print"<td>". $ field_name."</td>";

(26)   }

(27)   print"</tr >";

(28) $ cmd = "select ＊ from ". $ tb_name;

(29) $ result = mysql_query($ cmd)or

(30)   die("
 数据表无记录.
");

(31) /＊步骤五:逐条显示记录.＊/

(32) $ i = 0;

(33) while($ rec = mysql_fetch_row($ result)){

(34) $ i = $ i+1;

(35)   print"<tr><td>". $ i."</td>";

(36)   for($ j = 0; $ j< $ field_count; $ j+ +)

(37)   print"<td>". $ rec[$ j]."</td>";

(38)   print"</tr>";

(39) }

(40) print"</table >";

(41) ?>

(42) </body>

(43) </html>

程序说明: 例6—17程序的第（18）～（27）条语句显示数据表的字段名称。第（28）条语句得到数据表的所有记录。第（31）～（39）条语句显示记录的数据。

例6—17设计的网页程序的浏览结果如图6—17所示。

（4）mysql_data_seek（ ）——得到指定记录号的记录。

mysql_data_seek（ ）语句是从数据表提取的结果数据集合中如 $ result，移动到指定的记录号，然后利用 mysql_fetch_row（ ）得到指定记录号的记录。语句格式:

mysql_data_seek(<数据集合变量>,记录号)

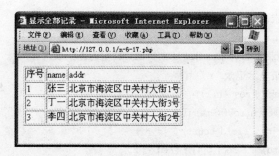

图 6—17　例 6—17 网页程序执行结果

例如，从 test 数据库的 test 数据表处理第 2 条记录需要执行下列语句：

```
$ cmd = "select * from test"              //得到 test 数据表全部记录的命令.
$ result = mysql_query( $ cmd, $ conn);   //得到记录的命令生效.
mysql_data_seek( $ result, 1);            //计算机从 0 开始计数.
$ rec = mysql_fetch_row( $ result);       //从 $ result 取得一条记录保存到 $ rec 中.
```

【例 6—18】　设计网页程序 "n-6-18. php"，连接本地 "localhost"、用户名是 "root"、访问密码是 "88888888" 的 MySQL 服务器，显示 test 数据库 test 数据表第 2 条记录。

例 6—18 设计的网页程序语句如下：

(1) 〈html xmlns = "http://www.w3.org/1999/xhtml"〉

(2) 〈head〉

(3) 〈meta http-equiv = "Content-Type"content = "text/html; charset = utf-8"/〉

(4) 〈title〉显示指定的记录〈/title〉

(5) 〈/head〉

(6) 〈body〉

(7) 〈?php

(8) / * 步骤一:初始变量 * /

(9) $ host = "localhost"; $ user = "root"; $ pwd = "88888888";

(10) $ db_name = "test"; $ tb_name = "test";

(11) / * 步骤二:连接数据库服务器. * /

(12) $ conn = mysql_connect($ host, $ user, $ pwd) or die("连接数据库服务器失败.");

(13) / * 步骤三:连接数据库. * /

(14) mysql_select_db($ db_name, $ conn)or die("连接数据库失败.");

(15) mysql_query("SET NAMES'GB2312'");

(16) / * 步骤四:显示数据表字段名. * /

(17) $ fields = mysql_list_fields($ db_name, $ tb_name, $ conn);

(18) $ field_count = mysql_num_fields($ fields);

(19) print"〈table border = 1〉";

(20) for($ i = 0; $ i< $ field_count; $ i = $ i + 1){

(21) 　　$ field_name = mysql_field_name($ fields, $ i);

(22) 　　print"〈td〉". $ field_name."〈/td〉";

(23) }

(24) print"〈/tr 〉";

```
(25)  /*步骤五:显示数据表的记录.*/
(26)  $ cmd = "select * from ". $ tb_name;
(27)  $ result = mysql_query( $ cmd)or die("<br>数据表无记录.<br>");
(28)  /*步骤六:逐条显示记录.*/
(29)  mysql_data_seek( $ result,1);
(30)  $ rec = mysql_fetch_row( $ result);
(31)  for( $ j = 0; $ j< $ field_count; $ j++)
(32)       print"<td>". $ rec[ $ j]."</td>";
(33)  print"</tr>";
(34)  print"</table>";
(35)  ?>
(36)  </body>
(37)  </html>
```

程序说明： 例6—18程序中的核心部分是要得到指定记录号的记录需要使用语句mysql_data_seek($ result,1)，其中记录号从零开始。这里要得到第2条记录，因此这里使用参数1。

例6—18设计的网页程序的浏览结果如图6—18所示。

图6—18　例6—18网页程序执行结果

【例6—19】　设计网页程序"n-6-19-1.php"，连接本地"localhost"、用户名是"root"、访问密码是"88888888"的MySQL服务器，以列表形式显示服务器中的数据库名称。浏览者任意选择数据库后，由后面的例6—20的"n-6-19-2.php"网页程序处理。

例6—19设计的网页程序语句如下：

```
(1)  <html xmlns = "http://www.w3.org/1999/xhtml">
(2)  <head>
(3)  <meta http-equiv = "Content-Type"content = "text/html; charset = utf-8"/>
(4)  <title>选择数据库</title>
(5)  </head>
(6)  <body>
(7)  <p>
(8)  <?php /*初始变量*/
(9)    $ host = "localhost"; $ user = "root"; $ pwd = "88888888";
(10)   $ conn = mysql_connect( $ host, $ user, $ pwd) or die("连接数据库服务器失败.");
(11)   $ db_names = mysql_list_dbs( $ conn);       //得到已经建立的数据库列表.
(12)   $ db_count = mysql_num_rows( $ db_names);     //得到已经建立的数据库列表的元素个数
```

170

```
(13)      ?>
(14)      请选择已经存在的数据库:</p>
(15)      〈hr />
(16)      〈form id = "form1"name = "form1"method = "post"action = "n-6-19-2.php">
(17)      〈select name = "db_name"id = "select">
(18)         〈?PHP//以列表的形式显示已经建立的数据库
(19)           $ i = 0;
(20)           while( $ i< $ db_count){
(21)              $ db_name = mysql_tablename( $ db_names, $ i);//逐一显示已经建立的数据库名称
(22)              ?>
(23)        〈option value =〈?php print $ db_name ?>〉〈?php print $ db_name ?>〈/option 〉
(24)        〈?php $ i = $ i+1; } ?>
(25)      〈/select>
(26)      〈input name = "提交"value = "提交"type = "submit"/>
(27)      〈a href = "index.php"title = "返回">返回</a>
(28)      〈/form>
(29)      〈/body>
(30)      〈/html>
```

程序说明: 例 6—19 程序的核心语句是第 (17)～(25) 条,以列表的形式显示已经建立的数据库。

例 6—19 设计的网页程序的浏览结果如图 6—19 所示。

图 6—19 例 6—19 网页程序选择数据库

【**例 6—20**】 设计网页程序 "n-6-19-2.php",连接本地 "localhost"、用户名是 "root"、访问密码是 "88888888" 的 MySQL 服务器,根据例 6—19 选择的数据库,以列表形式显示服务器中的数据表名称,浏览者任意选择数据表后,由后面的例 6—21 的 "n-6-19-3.php" 网页程序处理。

显示该数据库的数据表,任意选择数据表后显示该数据表的记录。

例 6—20 设计的网页程序语句如下:

(1) ⟨html xmlns = "http://www.w3.org/1999/xhtml"⟩

(2) ⟨head⟩

(3) ⟨meta http-equiv = "Content-Type"content = "text/html; charset = utf-8"/⟩

(4) ⟨title⟩选择数据表⟨/title⟩

(5) ⟨/head⟩

(6) ⟨body⟩

(7) ⟨?php /＊初始变量 ＊/

(8) 　$ host = "localhost"; $ user = "root"; $ pwd = "88888888";

(9) 　$ db_name = $ _POST["db_name"];

(10) 　$ conn = mysql_connect($ host, $ user, $ pwd) or die("连接数据库服务器失败.");

(11) 　mysql_select_db($ db_name, $ conn);

(12) 　mysql_query("SET NAMES 'GB2312'");

(13) 　/＊显示数据表字段名.＊/

(14) 　$ tb_names = mysql_list_tables($ db_name, $ conn);//得到数据库已经建立的数据表
　　　　　　　　　　　　　　　　　　　　　列表.

(15) 　$ tb_count = mysql_num_rows($ tb_names);//数据表个数.

(16) 　print $ db_name."数据库的数据表名称:⟨br⟩⟨hr⟩";

(17) ?⟩

(18) ⟨form id = "form1"name = "form1"method = "post"action = "n-6-19-3.php"⟩

(19) 　⟨! --建立一个隐藏域将数据传递给 n-6-19-3.php -- ⟩

(20) 　⟨input type = "hidden"name = "db_name"value = ⟨?php print $ db_name ?⟩ /⟩

(21) 　⟨select name = "tb_name"id = "select"⟩

(22) 　　⟨?PHP

(23) 　$ i = 0;

(24) 　while($ i< $ tb_count){

(25) 　$ tb_name = mysql_tablename($ tb_names, $ i);//逐一显示已经建立的数据库名称

(26) 　?⟩

(27) 　⟨option value = ⟨?php print $ tb_name ?⟩ ⟩⟨?php print $ tb_name ?⟩⟨/option ⟩

(28) 　⟨?php $ i = $ i+1; } ?⟩

(29) 　⟨/select⟩

(30) 　⟨input name = "提交"value = "提交"type = "submit"/⟩

(31) 　⟨a href = "n-6-19-1.php"title = "返回"⟩返回⟨/a⟩

(32) ⟨/form⟩

(33) ⟨/body⟩

(34) ⟨/html⟩

程序说明： 例 6—20 程序的核心语句是第（18）～（32）条语句，以列表的形式显示图 6—19 所选数据库的已经建立的数据表。

例 6—20 设计的网页程序的浏览结果如图 6—20 所示。

【**例 6—21**】　设计网页程序"n-6-19-3.php"，连接本地"localhost"、用户名是"root"、访问密码是"88888888"的 MySQL 服务器，根据前面的例 6—19 选择的数据库和例 6—20 选择的数据表以表格方式显示该数据表的记录。

例 6—21 设计的网页程序语句如下：

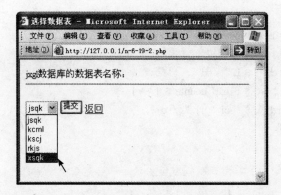

图 6—20　例 6—20 网页程序选择数据表

(1)　〈html xmlns = "http://www.w3.org/1999/xhtml"〉

(2)　〈head〉

(3)　〈meta http-equiv = "Content-Type"content = "text/html; charset = GB2312"/〉

(4)　〈title〉显示记录〈/title〉

(5)　〈/head〉

(6)　〈body〉

(7)　〈?php /＊初始变量＊/

(8)　　$ host = "localhost"; $ user = "root"; $ pwd = "88888888";

(9)　　$ db_name = $ _POST["db_name"]; $ tb_name = $ _POST["tb_name"]; //来自 n-6-19-1.php n-6-
　　　　　19-2.php

(10)　$ conn = mysql_connect($ host, $ user, $ pwd) or die("连接数据库服务器失败.");

(11)　mysql_select_db($ db_name, $ conn);

(12)　mysql_query("SET NAMES 'GB2312'");

(13)　print $ db_name. "数据". $ tb_name. "数据表的记录〈br〉〈hr〉";

(14)　/＊显示数据表字段名＊/

(15)　$ tb_names = mysql_list_tables($ db_name, $ conn);//得到数据库已经建立的数据表列表.

(16)　$ tb_count = mysql_num_rows($ tb_names);//数据表个数.

(17)　$ fields = mysql_list_fields($ db_name, $ tb_name, $ conn); //字段列表

(18)　$ field_count = mysql_num_fields($ fields); //字段个数

(19)　/＊显示数据表记录＊/

(20)　print"〈table border = 1〉";

(21)　print"〈tr〉〈td〉序号〈/td〉";

(22)　for($ i = 0; $ i＜ $ field_count; $ i = $ i + 1){

(23)　　$ field_name = mysql_field_name($ fields, $ i);

(24)　　print"〈td〉". $ field_name. "〈/td〉";

(25)　}

(26)　print"〈/tr 〉";

(27)　$ cmd = "select ＊ from ". $ tb_name;

(28)　$ result = mysql_query($ cmd)or

(29)　　die("〈br〉数据表无记录.〈br〉");

(30)　/＊逐条显示记录.＊/

173

```
(31)  $ i = 0;
(32)  while( $ rec = mysql_fetch_row( $ result)){
(33)   $ i = $ i+1;
(34)   print"<tr><td>". $ i."</td>";
(35)   for( $ j = 0; $ j< $ field_count; $ j++ )
(36)     print"<td>". $ rec[ $ j]."</td>";
(37)   print"</tr>";
(38)   }
(39)  print"</table >";
(40)  ?>
(41)  <a href = "n-6-19-1.php"title = "返回">返回</a>
(42)  </body>
(43)  </html>
```

程序说明：例6—21程序的核心语句是第（19）～（29）条，显示表格各栏标题。第（32）～（38）条语句以表格的形式显示图6—19所选数据库、图6—20所选数据表的全部记录。

例6—21设计的网页程序的浏览结果如图6—21所示。

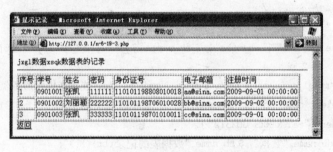

图6—21 例6—21网页程序显示数据表的记录

思考题

1. PHP技术加工MySQL数据库的数据能够做哪些处理？
2. 利用PHP技术加工MySQL数据库的数据需要做哪些处理？
3. 利用变量引用如何连接服务器？
4. 利用变量引用如何连接数据库？
5. 说明mysql_query（ ）的作用是什么。
6. 掌握关闭数据库服务器的命令。
7. 完成本章各节中的例题。

第7章 教学管理网络系统开发案例

本章结合教学管理工作，说明开发教学管理网络系统软件的过程。

【要点提示】

1. 了解设计网络信息管理系统案例的过程。
2. 掌握设计网络信息管理系统案例需要做的工作。
3. 掌握设计案例数据库模型的方法。
4. 掌握设计案例职能模块的方法。
5. 掌握设计简单案例程序的方法。

7.1 教学管理网络系统开发案例概述

7.1.1 教学信息管理系统案例说明

教学信息管理系统是网络信息管理系统的一个典型应用。本章以模拟简单的高校教学信息管理系统为案例，说明教学信息管理系统的设计过程。开发网络信息管理系统的过程是一个复杂的系统工程。编程人员在设计开发信息管理系统时，需要充分了解组织机构的构成、业务的处理流程以及信息产生、利用的过程。

7.1.2 组织机构调查

开发信息管理软件的编程人员需要充分了解被开发单位的组织机构，这样可以了解各个部门信息处理的关系，以便设计软件的职能。教学信息管理的职能部门结构如图7—1所示。

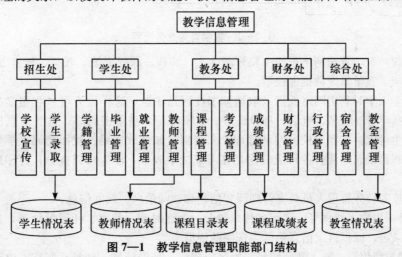

图7—1 教学信息管理职能部门结构

招生处：负责学校宣传，按照录取分数录取学生，形成学生情况表的数据。在网络信息管理软件中需要提供网上录取、打印录取通知、电子邮件通知考生被录取的职能。

学生处：负责学生的学籍管理、毕业管理、就业管理，管理的依据是学生情况表、课程成绩表的数据。在网络信息管理软件中需要提供审核学生成绩、做毕业处理、打印毕业证的职能。

教务处：负责教师管理，收集教师信息，形成教师情况表的数据；负责课程管理，收集课程信息，形成课程目录表；负责考务管理。管理学生成绩，形成课程成绩表的数据。在网络信息管理软件中需要提供课程排课、安排考务、统计打印等职能。

财务处：负责财务管理，管理学生学费。

综合处：负责行政管理、宿舍管理、教室管理等。

7.1.3 业务流程

教学信息管理系统主要管理学生、课程、课程成绩、教师、教室、费用等方面的数据管理。教学管理工作涉及学生、教务、教师等环节，因此需要做好相关工作。教学管理的业务流程如图 7—2 所示。

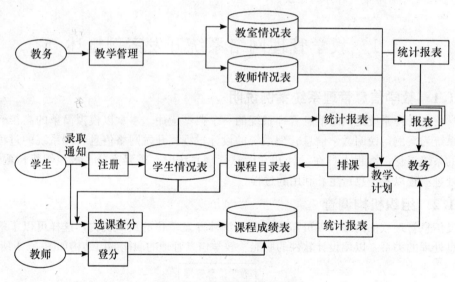

图 7—2 教学管理业务流程

简单来说，教学管理网络系统主要管理学生、课程、课程成绩、教师、教室方面的数据，这些信息构成了教学管理数据库模型。

（1）学生入学时利用网络凭借录取通知书在网站注册，这样校方可以收集学生的个人资料信息，包括学号、姓名、电话、身份证号、电子邮箱、登录密码等，这些信息构成了学生情况表。学生可以自主登录校方网站管理个人资料，如修改密码、找回密码。学生根据教务处提供的课程目录表选课。各科成绩保存在考试成绩表中，学生可以查分、打印成绩单、申请毕业。

（2）学校的教务管理人员负责管理课程信息和教师信息、教室信息。

1）安排课程输入课程号、课程名称、学分、上课时间、教室、任课教师等，这些信息构成了课程目录表，课程目录信息是学生选课的依据。

2）管理教师信息，输入教师编号、姓名、职称、身份证好、住址、职称、电话等。这些信息构成了教师情况表，教师信息是安排讲授课程的依据。

3）管理教室信息，输入教室号、容纳人数、时间、课程代码等，这些信息构成了教室情况表。教室情况表是排课安排教室的依据。

教务人员通过教学管理职能维护教师情况表和教室情况表的数据，通过统计报表职能打印报表，加强教务人员之间的信息交流。

（3）管理课程成绩信息。教务处将课程目录表发布到网站，学生可以根据自己的时间选课，输入学号、课程号、考试成绩等，这些信息构成了课程成绩表，课程成绩信息是学生学籍管理的依据。教师可以利用网络在网上登分管理课程成绩表的数据。

7.1.4　数据库模型

教学管理网络系统数据库由以下数据表组成。

（1）学生情况表包括学号、姓名、电话、身份证号、电子邮箱、登录密码等。

（2）课程目录表包括课程号、课程名称、学分、上课时间、教室、任课教师等。

（3）教师情况表包括编号、姓名、职称、身份证号、住址、职称、电话等。

（4）教室情况表包括教室号、容纳人数、时间、课程代码等。

（5）课程成绩表包括学号、课程号、考试成绩等。

有关教学管理数据库模型的数据分析可以参见 3.1.1 的内容，建立数据库和数据表的操作过程可以参见 3.4.2 的内容。

7.1.5　软件职能说明

网络教学管理系统软件的职能，由以下子系统组成：招生管理、教务管理、学籍管理、成绩管理、毕业管理、考务管理、行政管理。所有系统通过菜单程序（index. html）完成操作。

1. 招生管理

利用网络网上录取，提供录取查询。

（1）网上录取（n-zs-luqu. html）。根据分数录取学生，形成学生情况表的数据。

（2）招生查询（n-zs-chaxun. html）。提供录取名单的查询。

2. 教务管理

收集教师信息、安排开课目录。

（1）教师信息管理（n-7-8. html）。收集教师信息，形成教师情况表的数据。

（2）教室信息管理（n-7-9. html）。收集教室信息，形成教室情况表的数据。

（3）课程信息管理（n-7-10. html）。根据教学任务安排教学，形成课程目录表的数据。

（4）教务查询（n-7-11. html）。根据教师情况表、课程目录表的数据查询排课信息、教师信息、选课信息。

3. 学籍管理

学籍管理包括学生管理和学籍查询。

（1）学生管理。

1）学生注册（n-xj-zhuce. html）：学生上网注册、选课，形成课程目录表的数据。

2）修改资料（n-xj-xiugai. html）：学生可以修改个人资料、选课信息，保证学生情况表、课程目录表数据的真实和准确。

3）查询成绩（n-xj-cj. html）：依据课程成绩表，学生可以查阅各科成绩。

（2）学籍查询（n-xj-find. html）。学生可以查询与学籍有关的信息。

4. 成绩管理

成绩管理包括提供教师登记成绩、学生查询成绩的处理。

（1）教师登记成绩（n-cj-dengji. html）。教师输入教师代码和课程代码在网上登分。

（2）学生查询成绩（n-cj-chaxun. html）。学生输入学号可以查询课程成绩。

5. 毕业管理

（1）学生申请毕业（n-by-shenqing. html）。学生提出毕业申请，计算机核算成绩，是否符合毕业条件。

（2）教师审核毕业（n-by-shenhe. html）。教务人员审核学生毕业申请，符合毕业条件的办理毕业。

（3）毕业生名单（n-by-mingdan. html）。网上显示毕业名单。

（4）教务成绩归档（n-by-chengjiguidang. html）。将考试成绩、毕业名单分类管理。

6. 考务管理

（1）安排考场（n-kw-anpaikaochang. html）。安排课程考试，发布考场信息。

（2）考场查询（n-kw-find. html）。提供考场及教室信息查询。

7. 行政管理

（1）办公室管理（n-xz-bangongshi. html）。办公事务信息处理。

（2）学生宿舍管理（n-xz-sushe. html）。学生宿舍管理。

（3）社团管理（n-xz-shetuan. html）。学生社团通知管理。

本章结合教学管理网络系统软件的设计，简单介绍主页程序、登录/注册/注销/找回密码、导航程序、教务管理程序、学生查询程序的设计思想。本章中介绍的网页程序案例主要说明网络数据库信息处理的过程，包括单表数据加工和多表数据加工，主要职能包括增加记录、删除记录、修改记录、统计记录等操作。本章通过这些案例详明讲解了网络信息管理系统的设计和应用方法。

7.2　设计主页程序

7.2.1　主页程序概述

1. 主页程序

主页程序是浏览者浏览网络信息管理系统的入口。主页程序的文件名一般是 index. html 或 index. php。这样浏览者输入网站的域名可以直接浏览主页页面的内容。主页的作用是发布信息、检测用户身份。

2. 主页程序的内容

网站的主页风格各不相同。主页程序文件除了设计美观的网页页面外，还要考虑主页的内容。主页程序的内容一般有以下几项：

（1）利用网页设计中的显示文字标题的技术，显示网站标题。

（2）利用网页设计中的表单文本、列表元素，显示网站的公告信息。

（3）利用超级链接技术连接不同的网站，显示友情链接。

（4）利用编程技术灵活管理登录到网站的会员，提供登录、注册、注销、找回密码操作。

（5）利用网页设计的显示文字标题的技术，显示网站的联系方式等内容。

3．主页程序的处理流程

主页程序的处理流程如图 7—3 所示。

图 7—3　主页程序的处理流程

4．主页程序的设计说明

浏览者浏览主页程序（见例 7—1 的 index. html 程序），可以选择注册、登录、注销、找回密码的操作（见例 7—2 的 n-index. php 程序）。

（1）如果浏览者选择登录操作（见例 7—3 的 n-7-3. php 程序），按照学号核对是否注册。如果学号已经注册表示可以登录网站，显示导航条（见例 7—7 的 n-7-7. php 程序），浏览者可以浏览网站的内容。

（2）如果浏览者选择注册操作（见例 7—4 的 n-7-4. php 程序），按照学号核对是否注册。如果学号没有注册表示学生可以输入个人资料，数据保存到学生情况（xsqk）数据表。

（3）如果浏览者选择注销操作（见例 7—5 的 n-7-5. php 程序），按照学号核对是否注册。如果学号已经注册表示可以删除注册信息。

（4）如果浏览者选择找回密码操作（见例 7—6 的 n-7-6. php 程序），按照学号核对是否注册，如果学号已经注册表示可以找回登录网站的密码，学生在学生情况（xsqk）数据表输入的密码被发送到注册时输入的邮箱中。

7.2.2　设计主页程序

【例 7—1】　结合教学信息管理系统，设计文件名是"index. html"的主页程序。

在如图 7—4 所示的窗口，利用 Dreamweaver 建立网页程序的操作方法如下所述：

图 7—4　设计例 7—1 网页程序

（1）设计网页页面的属性。如背景颜色、标题文字及其颜色。本例的标题文字是"教学信息管理系统"。

（2）选择 Dreamweaver 菜单栏的"插入记录→HTML→水平线"选项，添加水平线设置属性，增加网页效果。

（3）在网页语句中增加语句显示滚动字幕通知的效果。

```
〈marquee direction = "left"behavior = "scroll"〉
```

1. 欢迎浏览本站信息。2. 浏览者必须注册。3. 成功登录才能修改密码。

```
〈/marquee〉
```

（4）选择 Dreamweaver 菜单栏的"插入记录→表单→表单"选项，添加表单，设置处理数据的程序名称是"n-index. php"。

（5）在表单中输入"用户名"文字标题，选择 Dreamweaver 菜单栏的"插入记录→表单→文本域"选项，添加文本域，设置文本域的名称是"xh"，类型是"单行"。

在表单中输入"密码"文字标题，选择 Dreamweaver 菜单栏的"插入记录→表单→文本域"选项，添加文本域，设置文本域的名称是"pwd"，类型是"密码"。

（6）在表单中，选择 Dreamweaver 菜单栏的"插入记录→表单→按钮"选项，添加按钮，设置按钮的名称是"cz"，设置按钮的标题是"登录"。

选择 Dreamweaver 菜单栏的"插入记录→表单→按钮"选项，添加按钮，设置按钮的名称是"cz"，标题是"注册"。

在表单中，选择 Dreamweaver 菜单栏的"插入记录→表单→按钮"选项，添加按钮，设置按钮的名称是"cz"，设置按钮的标题是"注销"。

在表单中，选择 Dreamweaver 菜单栏的"插入记录→表单→按钮"选项，添加按钮，设置按钮的名称是"cz"，设置按钮的标题是"找回密码"。

（7）选择 Dreamweaver 菜单栏的"插入记录→HTML→水平线"选项，添加水平线设置属性，增加网页效果。

（8）输入文字设置文字属性，邮箱采用邮箱链接的效果。文字的内容：

管理员热线：000000 管理员邮箱：myweb@myweb. com

例 7—1 网页程序的语句如下：

```
(1)  〈html xmlns = "http://www. w3. org/1999/xhtml"〉
(2)  〈head〉
(3)  〈meta http-equiv = "Content-Type"content = "text/html; charset = GB2312"/〉
(4)  〈title〉教学信息管理系统〈/title〉
(5)  〈style type = "text/css"〉
(6)  <! --
(7)  . STYLE1{font-size:x-large;     color:♯0000FF;
(8)  }
(9)  . STYLE3{font-size:9}
(10) . STYLE4{font-size:medium}
(11) . STYLE5{font-size:small}
(12) -->
```

(13) ⟨/style⟩

(14) ⟨/head⟩

(15) ⟨body⟩

(16) ⟨div align = "center"⟩

(17) 　⟨h2 class = "STYLE1"⟩教学信息管理系统　⟨/h2⟩

(18) ⟨/div⟩

(19) ⟨hr /⟩

(20) 　⟨p⟩⟨span class = "STYLE4"⟩

(21) 　　⟨marquee direction = "left"behavior = "scroll"⟩

(22) 　　1.欢迎浏览本站信息.2.浏览者必须注册.3.成功登录才能修改密码.

(23) 　　⟨/marquee⟩

(24) 　　⟨/span⟩

(25) ⟨/p⟩

(26) ⟨form id = "form1"name = "form1"method = "post"action = "n-index.php"⟩

(27) 　　用户名⟨input name = "xh"type = "text"size = "10"maxlength = "7"/⟩

(28) 　⟨p⟩密 码⟨input name = "pwd"type = "password"size = "10"maxlength = "6"/⟩⟨/p⟩

(29) 　⟨p⟩⟨input type = "submit"name = "cz"　value = "登录"/⟩

(30) 　　⟨input type = "submit"name = "cz"　value = "注册"/⟩

(31) 　　⟨input type = "submit"name = "cz"　value = "注销"/⟩

(32) 　　⟨input type = "submit"name = "cz"　value = "找回密码"/⟩

(33) 　⟨/p⟩⟨/form⟩

(34) 　⟨hr /⟩

(35) 　⟨p align = "center"⟩⟨span class = "STYLE5"⟩

(36) 　管理员热线:000000

(37) 　管理员邮箱:⟨a href = "mailto:myweb@myweb.com"⟩myweb@myweb.com⟨/a⟩

(38) 　　⟨/span⟩⟨/p⟩

(39) ⟨/body⟩

(40) ⟨/html⟩

程序说明: 例 7—1 练习设计网站主页程序的方法,核心语句是第 (26)~(33) 条。在如图 7—5 所示的窗口,浏览者可以选择登录、注册、注销、找回密码操作,例 7—2 的 n-index.php 网页程序将进行相关处理。

例 7—1 网页程序的浏览结果如图 7—5 所示。

图 7—5　例 7—1 网页程序浏览结果

7.2.3 设计主页加工程序

1. 设计说明

按照图 7—3 的处理流程，浏览者在如图 7—5 所示的窗口中，可以选择登录、注册、注销、找回密码等操作，主页加工程序将对这些操作进行如下处理。

（1）如果浏览者选择登录操作，可以参见例 7—3 的 n-7-3. php 程序。

（2）如果浏览者选择注册操作，可以参见例 7—4 的 n-7-4. php 程序。

（3）如果浏览者选择注销操作，可以参见例 7—5 的 n-7-5. php 程序。

（4）如果浏览者选择找回密码操作，可以参见例 7—6 的 n-7-6. php 程序。

2. 案例程序

【例 7—2】 设计文件名是 "n-index. php" 的主页处理程序。浏览者在如图 7—5 所示的窗口中可以选择登录、注册、注销、找回密码的操作，本程序将对这些操作进行处理。

例 7—2 网页程序的语句如下：

```
(1)   <html xmlns = "http://www.w3.org/1999/xhtml">
(2)   <head>
(3)   <meta http-equiv = "Content-Type"content = "text/html; charset = GB2312"/>
(4)   <title>无标题文档</title>
(5)   </head>
(6)   <body>
(7)   <?php //根据 n-index. html 的选择分情况处理
(8)       if( $_POST["cz"] = = "登录")
(9)           include "n-7-3. php"; //参见本章例 7—3
(10)      if( $_POST["cz"] = = "注册")
(11)          include "n-7-4. php";//参见本章例 7—4
(12)      if( $_POST["cz"] = = "注销")
(13)          include "n-7-5. php";//参见本章例 7—5
(14)      if( $_POST["cz"] = = "找回密码")
(15)          include "n-7-6. php";//参见本章例 7—6
(16)  ?>
(17)  <p><a href = "index. html">首页</a></p>
(18)  </body>
(19)  </html>
```

程序说明：例 7—2 练习利用 include 语句调用网页程序的方法，核心语句是第（7）～（16）条。

7.3 设计登录、注册、注销、找回密码的网页程序

7.3.1 登录网页程序概述

1. 登录程序的职能

很多网站出于管理的需要，要求只有在网站注册的用户才能登录网站浏览网站的内容。登录程序的作用是浏览者利用例 7—3 的登录程序（n-7-3. php）输入学号、密码，计算机到学

生情况（xsqk）数据表核对输入的学号和密码是否存在。如果输入的学号和密码已经存在，表示是注册的浏览者允许登录，此时浏览者在例 7—7 的导航程序（n-7-7.php）的控制下浏览网站的网页页面。

教学管理数据库（jxgl）的学生情况（xsqk）数据表存储注册学生的数据。登录程序将核对学生情况（xsqk）数据表的记录。

2. 登录程序的处理流程

（1）接收浏览者输入的登录数据即学号、登录密码。

（2）检测输入的学号和登录密码是否已经在学生情况表（xsqk）中存在。如果存在表示已经注册，否则表示未注册。

（3）如果已经注册，那么为浏览者显示导航程序（参见例 7—7 的 n-7-7.php）。

3. 登录程序

【例 7—3】　设计文件名是"n-7-3.php"的登录程序。浏览者输入学号、密码，按照登录程序设计的处理流程，进入到教学信息管理系统的导航程序 n-7-7.php。

在如图 7—5 所示的窗口，输入学号、密码后，选择"登录"选项执行登录程序。例 7—3 网页程序的语句如下：

```
(1)   <html xmlns = "http://www.w3.org/1999/xhtml">
(2)   <head>
(3)   <meta http-equiv = "Content-Type"content = "text/html; charset = GB2312"/>
(4)   <title>检测登录</title>
(5)   </head>
(6)   <body>
(7)      <?php// 1 接收来自 n-index.php 的数据
(8)        $ xh = trim( $ _POST["xh"]); $ password = trim( $ _POST["pwd"]);
(9)        //2 连接数据库和服务器
(10)       $ host = "localhost"; $ user = "root"; $ pwd = "88888888";
(11)       $ db_file = "jxgl"; $ tb_file = "xsqk";
(12)       $ conn = mysql_connect( $ host, $ user, $ pwd)or die("服务器连接失败,用户密码错误!");
(13)       $ conn_db = mysql_select_db( $ db_file, $ conn)or die(" $ dbs_file 数据库文件连接失败!");
(14)       mysql_query("set names GB2312");
(15)       //3 检测学号和密码是否存在
(16)       $ cmd = "select * from". $ tb_file. "where 学号 = '". $ xh. "'". "and 密码 = '".
           $ password. "'";
(17)       $ data = mysql_query( $ cmd, $ conn);
(18)       if(mysql_num_rows( $ data)>0)
(19)          include "n-7-7.php";//4 已经注册,调用导航程序参加例 7—7
(20)       else//没有注册
(21)          die("<br>". $ xh. "没有注册或密码错误. 请 <a href = 'index.php'>返回</a>");
(22)   ?>
(23)   </body>
(24)   </html>
```

程序说明：第（16）～（17）条语句检测输入的学号和密码是否在学生情况表（xsqk）数

据表中存在。第（19）条语句调用例 7—7 的 n-7-7. php 导航程序。当浏览者输入的学号和密码是已经注册的用户时，将出现如图 7—6 所示的导航菜单；否则出现如图 7—7 所示的"没有注册或密码错误"的提示。

图 7—6　导航菜单

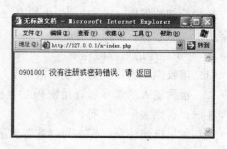

图 7—7　没有注册或密码错误

7.3.2　注册程序概述

1. 注册程序的职能

注册程序的作用是浏览者利用例 7—4 的注册程序（n-7-4. php）输入个人资料，计算机到学生情况数据表（xsqk）核对输入的学号是否存在。如果浏览者输入的数据在学生情况数据表（xsqk）中不存在，那么检测浏览者输入的数据是否符合规范；如果输入的数据符合规范，计算机会把输入的数据保存到学生情况数据表（xsqk），表示注册成功。

教学管理数据库（jxgl）的学生情况（xsqk）数据表存储注册学生的数据。注册程序将增加学生情况（xsqk）数据表的记录。

2. 注册程序的处理流程

（1）接收浏览者输入的注册数据。

（2）检测浏览者输入的学号是否已经在学生情况表中注册。

（3）检查浏览者输入数据格式是否符合规范。

（4）将浏览者输入的数据保存到数据表，表示注册成功。

3. 注册程序

【例 7—4】　设计文件名是"n-7-4. php"的注册程序。浏览者输入学号、姓名、密码、电子邮箱，按照注册程序设计的处理流程，将浏览者输入的数据保存到学生情况（xsqk）数据表。

在如图 7—5 所示的窗口，选择"注册"选项执行注册程序。例 7—4 网页程序的语句如下：

```
(1)   〈html xmlns = "http://www.w3.org/1999/xhtml"〉
(2)   〈head〉
(3)   〈meta http-equiv = "Content-Type"content = "text/html; charset = GB2312"/〉
(4)   〈title〉注册〈/title〉
(5)   〈/head〉
(6)   〈body〉
(7)   注册
(8)   〈hr /〉
(9)   〈! -- 1. 接收注册信息 -- 〉
(10)  〈form id = "form1"name = "form1"method = "post"action = "〈?php echo $ php_self?〉"〉
(11)    〈p〉学号:〈input name = "xh"type = "text" size = "10"maxlength = "7"/〉 〈/p〉
```

184

(12)　　　〈p〉密码:〈input name = "pwd1"type = "password"size = "10"maxlength = "6"/〉〈/p〉

(13)　　　〈p〉确认密码:〈input name = "pwd2"type = "password" size = "10"maxlength = "6"/〉〈/p〉

(14)　　　〈p〉姓名:　　〈input name = "xm"type = "text"　size = "15"/〉〈/p〉

(15)　　　〈p〉身份证:〈input name = "sfzh"type = "text"　size = "20"maxlength = "18"　/〉〈/p〉

(16)　　　〈p〉电子邮箱:〈input type = "text"name = "email"　/〉〈/p〉

(17)　　　〈p〉　　　　〈input type = "submit"name = "button"　value = "提交"/〉〈/p〉

(18)　　〈/form〉

(19)　　〈hr /〉

(20)　　〈?php

(21)　　　//2 检测学号格式是否正确

(22)　　　$ xh = trim($ _POST["xh"]);

(23)　　　if(strlen($ xh)!= 7 or ! is_numeric($ xh))

(24)　　　　die ("请输入 7 位数字学号!");

(25)　　　//3 连接数据库和服务器

(26)　　　$ host = "localhost"; $ user = "root"; $ pwd = "88888888";

(27)　　　$ db_file = "jxgl"; $ tb_file = "xsqk";

(28)　　　$ conn = mysql_connect($ host, $ user, $ pwd)or die("服务器连接失败,用户密码错误!");

(29)　　　$ conn_db = mysql_select_db($ db_file, $ conn)or die("$ dbs_file 数据库文件连接失败!");

(30)　　　mysql_query("set names GB2312");

(31)　　　// 4 检测学号是否已经注册

(32)　　　$ cmd = "select * from ". $ tb_file. "where 学号 = '". $ xh. "'";

(33)　　　$ data = mysql_query($ cmd, $ conn);

(34)　　if(mysql_num_rows($ data)＞0) //已经注册

(35)　　　die("〈br〉". $ xh. "已经注册. 请 〈a href = 'index. php'〉返回〈/a〉");

(36)　　　// 5 检测数据的有效性

(37)　　if (strlen(trim($ _POST["pwd1"])) == 0 or strlen(trim($ _POST["pwd2"])) == 0)//密码
　　　　　不能为空白

(38)　　　die("〈br〉". $ xh. "没有输入密码. 请 〈a href = 'index. php'〉返回〈/a〉");

(39)　　if(strcmp($ _POST["pwd1"], $ _POST["pwd2"])!= 0) //密码是否一致

(40)　　　die("〈br〉". $ xh. "两次密码不一致. 请 〈a href = 'index. php'〉返回〈/a〉");

(41)　　if (strlen($ sfzh)!= 18 or ! is_numeric($ sfzh))//检测身份证

(42)　　　die ("请输入 18 位数字身份证号!");

(43)　　if (strlen(trim($ _POST["xm"])) == 0 or strlen(trim($ _POST["email"])) == 0)//检测姓
　　　　　名、邮箱

(44)　　　die("〈br〉". $ xh. "没有输入姓名或密码. 请 〈a href = 'index. php'〉返回〈/a〉");

(45) if(substr_count($ _POST["email"],"@")＜1 or substr_count($ _POST["email"],".")＜1)//
　　　检测邮箱格式

(46)　　　die("〈br〉". $ xh. "邮箱格式错误. 请 〈a href = 'index. php'〉返回〈/a〉");

(47)　　　// 6 保存输入的注册信息

(48)　　　$ datetime = date("Y-m-d h:i;s"); //得到注册时间

(49)　　　$ cmd = "insert into ". $ tb_file. "(学号,姓名,密码,电子邮箱,身份证号,注册时间)values (";

(50)　　　$ cmd. = "'". $ _POST["xh"]. "'"."."'". $ _POST["xm"]. "'"."."'". $ _POST["pwd1"]. "'";

```
(51)      $ cmd. = ",'". $ _POST["email"]."'"."'.'",'". $ _POST["sfzh"]."'"."'.'",'". $ datetime."')";
(52)      mysql_query( $ cmd, $ conn);
(53)      print"<br>". $ xh. "成功注册. 请 <a href = 'index.php'>返回</a> ";
(54)      ?>
(55)      </body>
(56)      </html>
```

程序说明：第（10）～（18）条语句接收浏览者输入的注册数据，如图 7—8 所示的窗口；第（31）～（35）条语句检测输入的学号是否已经在学生情况表（xsqk）中存在；第（37）～（46）条语句检测输入的数据格式是否有效；第（48）～（53）条语句将浏览者输入的数据保存到学生情况表（xsqk），出现如图 7—9 所示的窗口。

图 7—8　注册窗口

图 7—9　注册成功窗口

7.3.3　注销程序

1. 注销程序的职能

注销程序的作用是浏览者利用例 7—5 的注销程序（n-7-5.php）输入学号、密码，计算机到学生情况（xsqk）数据表核对浏览者输入的学号、密码是否存在，如果浏览者输入的学号、密码已经存在，表示可以注销该浏览者，计算机删除学生情况（xsqk）数据表浏览者的信息。

教学管理数据库（jxgl）的学生情况（xsqk）数据表存储注册学生的数据。注销程序将删除学生情况（xsqk）数据表的指定记录。

2. 注销程序的处理流程

（1）接收浏览者输入的注销数据即学号、密码。

（2）检测浏览者输入的学号和密码是否已经在学生情况表（xsqk）中注册。

（3）如果已经注册表示可以注销该浏览者，计算机将删除学生情况（xsqk）数据表的浏览者的信息。

3. 注销程序

【例 7—5】　设计文件名是"n-7-5.php"的注销程序。浏览者输入学号、密码，按照注销程序设计的处理流程，删除记录。

在如图 7—5 所示的窗口，输入学号、密码后，选择"注销"选项执行注销程序。例 7—5

网页程序的语句如下：

(1)　〈html xmlns = "http://www.w3.org/1999/xhtml"〉

(2)　〈head〉

(3)　〈meta http-equiv = "Content-Type"content = "text/html; charset = GB2312"/〉

(4)　〈title〉注销〈/title〉

(5)　〈/head〉

(6)　〈body〉

(7)　〈?php// 1 接收来自 n-index. php 的数据

(8)　　$ xh = trim($ _POST["xh"]); $ password = trim($ _POST["pwd"]);

(9)　　// 连接数据库和服务器

(10)　　$ host = "localhost"; $ user = "root"; $ pwd = "88888888";

(11)　　$ db_file = "jxgl"; $ tb_file = "xsqk";

(12)　　$ conn = mysql_connect($ host, $ user, $ pwd) or die("服务器连接失败,用户密码错误!");

(13)　　$ conn_db = mysql_select_db($ db_file, $ conn) or die("$ dbs_file 数据库文件连接失败!");

(14)　　mysql_query("set names GB2312");

(15)　　// 2 检测学号和密码是否注册

(16)　　$ cmd = "select * from ". $ tb_file."where 学号 = '". $ xh. "'"."and 密码 = '". $ password. "'";

(17)　　$ data = mysql_query($ cmd, $ conn);

(18)　　//3 注销删除记录

(19)　　if(mysql_num_rows($ data)>0)　{　//已经注册

(20)　　　$ cmd = "delete from ". $ tb_file. "where 学号 = '". $ xh. "'"."and 密码 = '". $ password. "'";

(21)　　　mysql_query($ cmd, $ conn)　;

(22)　　　print "〈br〉". $ xh. "被注销. 请〈a href = 'index. php'〉返回〈/a〉";

(23)　　} else{

(24)　　　die("〈br〉". $ xh. "没有注册或密码错误. 请〈a href = 'index. php'〉返回〈/a〉");

(25)　　}

(26)　?>

(27)　〈/body〉

(28)　〈/html〉

程序说明： 第（16）～（17）条语句检测输入的学号和密码是否在学生情况表（xsqk）数据表中存在；第（20）～（22）条语句删除记录。当浏览者输入的学号和密码是已经注册的用户时，将出现如图 7—10 所示的被注销的窗口；否则出现如图 7—11 所示的"没有注册或密码错误"的提示。

图 7—10　成功注销

图 7—11　没有注册或密码错误

7.3.4 找回密码程序概述

1. 找回密码程序的职能

找回密码程序的作用是浏览者利用例7—6的找回密码程序（n-7-6.php）输入学号，计算机根据学生情况（xsqk）数据表核对输入的学号是否存在，如果输入的学号已经存在，计算机将把学生情况（xsqk）数据表的用户密码信息，发送到浏览者注册时输入的电子邮箱中。

教学管理数据库（jxgl）的学生情况（xsqk）数据表中存储注册学生的数据。找回密码程序将把学生情况（xsqk）数据表的密码发送到电子邮箱。

2. 找回密码程序的处理流程

（1）接收浏览者输入的学号。

（2）检测浏览者输入的学号是否已经在学生情况表中注册。

（3）如果输入的学号已经存在，计算机将把学生情况（xsqk）数据表的用户密码信息，发送到浏览者注册时输入的电子邮箱中。

3. 找回密码程序

【例7—6】 设计文件名是"n-7-6.php"的找回密码程序。浏览者输入学号，按照找回密码程序设计的处理流程，将把学生情况（xsqk）数据表的密码发送到浏览者的电子邮箱。

在如图7—5所示的窗口中，输入学号后，选择"找回密码"选项执行找回密码程序。例7—6网页程序的语句如下：

```
(1)    ⟨html xmlns = "http://www.w3.org/1999/xhtml"⟩
(2)    ⟨head⟩
(3)    ⟨meta http-equiv = "Content-Type"content = "text/html; charset = GB2312"/⟩
(4)    ⟨title⟩找回密码⟨/title⟩
(5)    ⟨/head⟩
(6)    ⟨body⟩
(7)    ⟨?php  //1 接收来自 n-index.php 的数据
(8)      $ xh = trim( $ _POST["xh"]); $ password = trim( $ _POST["pwd"]);
(9)      // 2 连接数据库和服务器
(10)     $ host = "localhost"; $ user = "root"; $ pwd = "88888888";
(11)     $ db_file = "jxgl";  $ tb_file = "xsqk";
(12)     $ conn = mysql_connect( $ host, $ user, $ pwd)or die("服务器连接失败,用户密码
              错误!");
(13)     $ conn_db = mysql_select_db( $ db_file, $ conn)or die(" $ dbs_file 数据库文件连接
              失败!");
(14)     mysql_query("set names  GB2312");
(15)     // 3 检测学号和密码是否正确
(16)     $ cmd = "select * from ". $ tb_file. "where 学号 ='". $ xh. "'";
(17)     $ data = mysql_query( $ cmd, $ conn);
(18)     if(mysql_num_rows( $ data) == 0)//没有注册
(19)        die("⟨br⟩". $ xh. "没有注册或密码错误. 请 ⟨a href = 'index.php'⟩返回⟨/a⟩");
(20)     // 4 用户的密码
```

188

```
(21)        $ record = mysql_fetch_array( $ data);
(22)        $ password = $ record[密码];
(23)        // 5 发送邮件基础数据
(24)        $ mail_addres = "ems2931@sina.com";
(25)        $ email_title = "找回密码通知.";
(26)        $ email_message = "欢迎登录网络教学信息管理软件. 用户名:". $ xh. "密码:". $ pass-
                word;
(27)        $ mail_head = "from:myweb@sina.com";
(28)        // 发送电子邮件
(29)        $ send_mail = mail( $ mail_addres, $ email_title, $ email_message, $ mail_head);
(30)        if( $ send_mail)
(31)         print "<br>". $ xh. "登录密码已经成功发送到注册的电子邮箱.";
(32)        else
(33)         print "<br>". $ xh. " 登录密码发送失败.";
(34)         print "<br>请 <a href = 'index.php'>返回</a>";
(35)        ?>
(36)      </body>
(37)      </html>
```

程序说明： 第（16）～（17）条语句检测输入的学号是否在学生情况表（xsqk）数据表中存在；第（24）～（27）条语句组织发送邮件的基础数据。当浏览者输入的学号是已经注册的用户时，将出现如图 7—12 所示的成功发送邮件的窗口；否则出现如图 7—13 所示的"没有注册或密码错误"的提示。给浏览者发送电子邮件主要是利用第（29）条语句，它要求网站必须安装电子邮件服务器，并进行相关设置，否则将出现如图 7—14 所示的提示"邮件系统故障"的窗口。

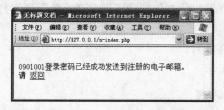

图 7—12　成功发送邮件

图 7—13　没有注册或密码错误

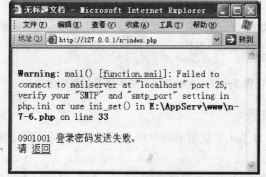

图 7—14　邮件系统故障

7.4 设计菜单网页程序

7.4.1 菜单程序概述

1. 菜单程序

菜单是教学管理网络系统各职能模块的集成系统。一个信息系统软件提供的所有职能利用菜单组织起来，浏览者在菜单的控制下，通过选择相关选项完成信息管理工作。简单来说，菜单技术就是把网页程序文件分类组织起来进行网页程序调用。

菜单由若干菜单项构成了菜单栏，某个菜单项的下级可以是新的菜单项或是要完成的职能即网页程序文件名。菜单的形式主要有以下几种。

（1）利用下拉式菜单设计出不同类别的菜单项，浏览者通过选择菜单项，完成有关信息管理职能的调用。

（2）利用导航条技术，浏览者通过单击导航项图像，实现网页的切换每个网页完成相关的信息处理。

（3）利用超级链接技术，可以完成网页间的切换实现信息管理的职能。

2. 导航条

导航条是网页设计中不可缺少的技术，导航条是指通过网页语句，为网站的浏览者提供一定的引导方式，使浏览者方便地浏览到所需的网页页面，使人们浏览网页时可以快速从一个网页页面切换到另一个网页页面。浏览者利用导航条就可以快速找到想要浏览的网页页面。导航条上排列有若干导航项，每个导航项用一个图像表示，每个图像链接到一个网页程序文件。设计导航条时，必须做以下几项准备工作。

（1）明确每个导航项的名称。

（2）明确每个导航项的图像。每个导航项可以有不同状态的图像，因此要准备图像文件。

（3）明确导航项链接的网页程序文件名。

（4）明确导航项的排列方式是水平排列还是垂直排列。

教学管理网络系统导航程序的结构如图 7—15 所示。

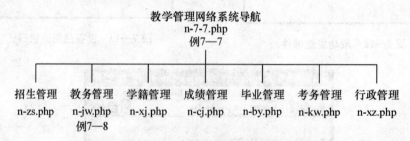

图 7—15 教学管理网络系统导航程序的结构

7.4.2 设计导航条

【**例 7—7**】 结合本章 7.1.5 规划的教学信息管理系统的职能，利用导航条技术设计文件名是"n-7-7. php"的导航程序。

利用 Dreamweaver 软件建立网页程序文件 n-7-7. php，按照以下操作方法操作：

（1）选择 Dreamweaver 软件菜单栏的"插入记录→图像对象→导航条"菜单项，出现如图 7—16 所示的对话框。

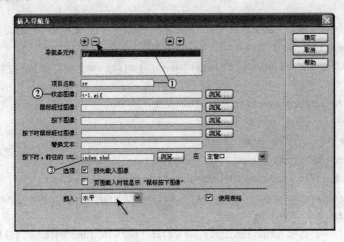

图 7—16　建立导航

（2）在"项目名称"填入导航项的名称，如果不填，Dreamweaver 将自动给它命名。

（3）在"状态图像"位置，设置初始图像文件名。可以输入图像文件的名称，或按"浏览"按钮选择图像文件的名称。每个导航项可设置其他不同状态的图像文件名称。

（4）在"按下时，前往的 URL"位置，输入或利用"浏览"按钮设置导航项的链接网页文件名。

（5）在"插入"选框有"水平"和"垂直"两个选项。选中"水平"表示导航条水平展开，选中"水平"表示导航条垂直展开。

（6）勾选"使用表格"一项表示 Dreamweaver 自动生成 html 代码将导航条各部位用表格隔开。

一个导航项设置完成后，可以按对话框上方的"＋"按钮，按照前面的操作步骤对新增的导航项进行设置。先选某个导航项，按对话框上方的"—"按钮，可以删除导航项。

例 7—7 网页程序 n-7-7.php 的语句如下：

```
(1)  <html xmlns = "http://www.w3.org/1999/xhtml">
(2)  <head>
(3)  <meta http-equiv = "Content-Type"content = "text/html; charset = GB2312"/>
(4)  <title>导航菜单</title>
(5)  <script type = "text/javascript">
(6)  <! --
(7)  function MM_preloadImages(){ //v3.0
(8)    var d = document; if(d.images){ if(!d.MM_p)d.MM_p = new Array();
(9)    var i,j = d.MM_p.length,a = MM_preloadImages.arguments; for(i = 0; i<a.length; i++ )
(10)   if(a[i].indexOf("#")!= 0){ d.MM_p[j] = new Image; d.MM_p[j++ ].src = a[i];}}
(11) }
(12) function MM_findObj(n,d){ //v4.01
(13)   var p,i,x; if(!d)d = document; if((p = n.indexOf("?"))>0&&parent.frames.length){
```

191

```
(14)    d = parent. frames[n. substring(p + 1)]. document; n = n. substring(0, p); }
(15)    if(!(x = d[n])&&d. all)x = d. all[n]; for(i = 0;!x&&i<d. forms. length; i ++ )x = d. forms
        [i][n];
(16)    for( i = 0;! x&&d. layers&&i < d. layers. length; i ++ ) x = MM_findobj ( n, d. layers [ i ]
        . document);
(17)    if(!x && d. getElementById)x = d. getElementById(n); return x;
(18)  }
(19)  function MM_nbGroup(event, grpName){ //v6. 0
(20)    var i, img, nbArr, args = MM_nbGroup. arguments;
(21)    if(event == "init"&& args. length > 2){
(22)      if((img = MM_findObj(args[2]))! = null && ! img. MM_init){
(23)        img. MM_init = true; img. MM_up = args[3]; img. MM_dn = img. src;
(24)        if((nbArr = document[grpName]) == null)nbArr = document[grpName] = new Array();
(25)        nbArr[nbArr. length] = img;
(26)        for(i = 4; i < args. length-1; i += 2)if((img = MM_findObj(args[i]))! = null){
(27)          if(! img. MM_up)img. MM_up = img. src;
(28)          img. src = img. MM_dn = args[i + 1];
(29)          nbArr[nbArr. length] = img;
(30)        } }
(31)    } else·if(event == "over"){
(32)      document. MM_nbOver = nbArr = new Array();
(33)      for(i = 1; i < args. length-1; i += 3)if((img = MM_findObj(args[i]))! = null){
(34)        if(! img. MM_up)img. MM_up = img. src;
(35)        img. src = (img. MM_dn && args[i + 2])?args[i + 2] :((args[i + 1])?args[i + 1] : img. MM_
            up);
(36)        nbArr[nbArr. length] = img;
(37)      }
(38)    } else if(event == "out"){
(39)      for(i = 0; i < document. MM_nbOver. length; i ++ ){
(40)        img = document. MM_nbOver[i]; img. src = (img. MM_dn)?img. MM_dn : img. MM_up; }
(41)    } else if(event == "down"){
(42)      nbArr = document[grpName];
(43)      if(nbArr)
(44)        for(i = 0; i < nbArr. length; i ++ ){ img = nbArr[i]; img. src = img. MM_up; img. MM_dn =
            0; }
(45)      document[grpName] = nbArr = new Array();
(46)      for(i = 2; i < args. length-1; i += 2)if((img = MM_findObj(args[i]))! = null){
(47)        if(! img. MM_up)img. MM_up = img. src;
(48)        img. src = img. MM_dn = (args[i + 1])?args[i + 1] : img. MM_up;
(49)        nbArr[nbArr. length] = img;
(50)      } }
(51)  }
(52)  //-->
```

192

(53) 〈/script〉

(54) 〈/head〉

(55) 〈body〉

(56) 〈table border = "0"cellpadding = "0"cellspacing = "0"〉

(57) 〈tr〉〈td〉首页〈/td〉〈td〉招生管理〈/td〉〈td〉教务管理〈/td〉〈td〉学籍管理〈/td〉〈td〉成绩管理〈/td〉

(58) 　　　　　　　　〈td〉毕业管理〈/td〉〈td〉考务管理〈/td〉〈td〉行政管理〈/td〉〈/tr〉

(59) 〈tr〉〈td　　　　　width = "68"〉〈a　　　　　href = "index. php"　　　tar-get = "_top"onclick = "MM_nbGroup('down','group1','zy',",1)"　　　onmouseover = "MM_nbGroup('over','zy',",",1)"　　onmouseout = "MM_nbGroup('out')"〉〈img src = "t-1. gif"alt = "首页"name = "zy"width = "68"height = "71"border = "0"id = "zy"onload = ""/〉〈/a〉〈/td〉

(60) 〈td　　　　　width = "68"〉〈a　　　　　href = "n-zs. php"　　　target = "_top"onclick = "MM_nbGroup('down','group1','ZS',",1)"　　　onmouseover = "MM_nbGroup('over','ZS',",",1)"　　onmouseout = "MM_nbGroup('out')"〉〈img src = "t-2. gif"alt = "招生管理"name = "ZS"width = "68"height = "71"border = "0"id = "ZS"onload = ""/〉〈/a〉〈/td〉

(61) 〈td　　　width = "68"〉〈a　　　href = "n-jw. php"　　　target = "_top"onclick = "MM_nbGroup('down','group1','JW',",1)"　　　onmouseover = "MM_nbGroup('over','JW',",",1)"onmouseout = "MM_nbGroup('out')"〉〈img src = "t-3. gif"alt = "教务管理"name = "JW"width = "68"height = "71"border = "0"id = "JW"onload = ""/〉〈/a〉〈/td〉

(62) 〈td　　　width = "68"〉〈a　　　href = "n-xj. php"　　　target = "_top"onclick = "MM_nbGroup('down','group1','XJ',",1)"　　　onmouseover = "MM_nbGroup('over','XJ',",",1)"onmouseout = "MM_nbGroup('out')"〉〈img src = "t-4. gif"alt = "学籍管理"name = "XJ"width = "68"height = "71"border = "0"id = "XJ"onload = ""/〉〈/a〉〈/td〉

(63) 〈td　　　width = "68"〉〈a　　　href = "n-cj. php" target = "_top"onclick = "MM_nbGroup('down','group1','CJ',",1)"　　　onmouseover = "MM_nbGroup('over','CJ',",",1)"onmouseout = "MM_nbGroup('out')"〉〈img src = "t-5. gif"alt = "成绩管理"name = "CJ"width = "68"height = "71"border = "0"id = "CJ"onload = ""/〉〈/a〉〈/td〉

(64) 〈td　　　width = "68"〉〈a　　　href = "n-by. php"　　　target = "_top"onclick = "MM_nbGroup('down','group1','BY',",1)"　　　onmouseover = "MM_nbGroup('over','BY',",",1)"onmouseout = "MM_nbGroup('out')"〉〈img src = "t-6. gif"alt = "毕业管理"name = "BY"width = "68"height = "71"border = "0"id = "BY"onload = ""/〉〈/a〉〈/td〉

(65) 〈td　　　width = "68"〉〈a　　　href = "n-kw. php"　　　target = "_top"onclick = "MM_nbGroup('down','group1','KW',",1)"　　　onmouseover = "MM_nbGroup('over','KW',",",1)"onmouseout = "MM_nbGroup('out')"〉〈img src = "t-7. gif"alt = "考务管理"name = "KW"width = "68"height = "71"border = "0"id = "KW"onload = ""/〉〈/a〉〈/td〉

(66) 〈td　　　width = "68"〉〈a　　　href = "jn-xz. php"　　　target = "_top"onclick = "MM_nbGroup('down','group1','KW',",1)"　　　onmouseover = "MM_nbGroup('over','KW',",",1)"onmouseout = "MM_nbGroup('out')"〉〈img src = "t-8. gif"alt = "行政管理"name = "KW"width = "68"height = "71"border = "0"id = "KW"onload = ""/〉〈/a〉〈/td〉　〈/tr〉

(67) 〈/table〉

(68) 〈hr /〉

(69) 〈/body〉

(70) 〈/html〉

程序说明： 例 7—7 练习设计导航条的方法。在如图 7—17 所示的窗口，浏览者选择一个导航选项后，将切换到相关网页。例如，单击"招生管理"导航图像，将切换到招生管理的网页页面，这个技术的核心语句是第（60）条，它实际是利用超级链接的技术链接到 n-zs.php 网页程序文件。

例 7—7 网页程序的浏览结果如图 7—17 所示。

图 7—17　例 7—7 网页程序的浏览结果

7.5　教务信息管理网页程序

7.5.1　教务信息管理网页程序概述

1. 教务信息管理职能

教务信息管理主要职能如图 7—18 所示。

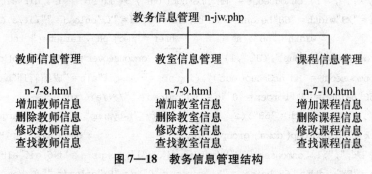

图 7—18　教务信息管理结构

（1）教师信息管理包括增加、删除、修改、查找教师信息数据表的数据。其主要职能是维护任课教师数据表（rkjs）的数据。

（2）教室信息管理包括增加、删除、修改、查找教室信息数据表的数据。其主要职能是维护任课教室数据表（jsqk）的数据。

（3）课程信息管理包括增加、删除、修改、查找课程信息数据表的数据。其主要职能是维护课程目录数据表（kcml）的数据。

2. 教务信息管理菜单的程序

【**例 7—8**】　设计文件名是"n-jw.php"的网页程序，利用超级链接技术实现教务信息管理的菜单。

例 7—8 网页程序 n-jw.php 的语句如下：

194

(1)　〈html xmlns = "http://www.w3.org/1999/xhtml"〉

(2)　〈head〉

(3)　〈meta http-equiv = "Content-Type"content = "text/html; charset = GB2312"/〉

(4)　〈title〉教务信息管理〈/title〉

(5)　〈/head〉

(6)　〈body〉

(7)　　〈p〉教务信息管理〈/p〉

(8)　　〈hr /〉

(9)　　〈p〉〈a href = "n-7-8. html"〉教师信息管理〈/a〉

(10)　　〈a href = "n-7-9. html"〉教室信息管理〈/a〉

(11)　　〈a href = "n-7-10. html"〉课程信息管理〈/a〉〈/p〉

(12)　〈/body〉

(13)　〈/html〉

程序说明: 例 7—8 练习利用超级链接技术设计菜单的方法。其中第 (9)～(11) 条语句将链接到指定的文件。按照例 7—8 程序的技术可以设计教师信息管理的下级菜单和其他菜单。

例 7—8 网页程序的浏览结果如图 7—19 所示。

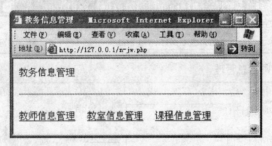

图 7—19　例 7—8 网页程序的浏览结果

7.5.2　教师信息管理网页程序

1. 接收教师信息的网页程序

【**例 7—9**】　设计文件名是"n-7-8. html"的网页程序,利用表单技术接收教师信息输入教师编号、教师姓名、教师电话,处理信息的网页程序是"n-7-8. php"。

例 7—9 网页程序 n-7-8. html 的语句如下:

(1)　〈html xmlns = "http://www.w3.org/1999/xhtml"〉

(2)　〈head〉

(3)　〈meta http-equiv = "Content-Type"content = "text/html; charset = GB2312"/〉

(4)　〈title〉教师信息管理〈/title〉

(5)　〈/head〉

(6)　〈body〉

(7)　　教师信息管理

(8)　　〈hr /〉

(9)　　〈form id = "form1"name = "form1"method = "post"action = "n-7-8. php"〉

(10)　　〈p〉教师编号〈input name = "jsbh"type = "text"size = "20"/〉〈/p〉

(11)　　〈p〉教师姓名〈input name = "jsxm"type = "text"size = "20"/〉〈/p〉

(12)　　　　〈p〉联系电话〈input name = "jsdh"type = "text"size = "20"/〉〈/p〉

(13)　　　　〈hr〉

(14)　　　　〈input type = "submit"name = "butt_cmd"　value = "增加"/〉

(15)　　　　〈input type = "submit"name = "butt_cmd"　value = "删除"/〉

(16)　　　　〈input type = "submit"name = "butt_cmd"　value = "修改"/〉

(17)　　　　〈input type = "submit"name = "butt_cmd"　value = "查询"/〉

(18)　　　　〈input type = "submit"name = "butt_cmd"　value = "返回"/〉

(19)　　　〈/form〉

(20)　〈/body〉

(21)　〈/html〉

程序说明：例 7—9 练习利用表单技术设计接收教师信息的网页程序的方法。其中，第
(10)～(12) 条语句利用文本域接收数据。输入教师编号、教师姓名、联系电话可以增加教师
信息；输入教师编号可以删除教师信息；输入教师编号、教师姓名、联系电话可以修改已经
存在的教师信息。按照例 7—9 程序的思路可以设计接收教室信息管理的程序。

例 7—9 网页程序的浏览结果如图 7—20 所示。

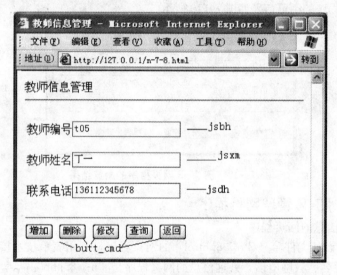

图 7—20　例 7—9 网页程序的浏览结果

2. 处理接收教师信息的网页程序

【例 7—10】　设计文件名是"n-7-8.php"的处理接收教师信息的网页程序，检测输入的教
师编号、教师姓名、教师电话，对任课教师数据表（rkjs）的数据进行增加、删除、修改操作。

例 7—10 网页程序 n-7-8.php 的语句如下：

(1)　〈html xmlns = "http://www.w3.org/1999/xhtml"〉

(2)　〈html xmlns = "http://www.w3.org/1999/xhtml"〉

(3)　〈head〉

(4)　〈meta http-equiv = "Content-Type"content = "text/html; charset = GB2312"/〉

(5)　〈title〉教师信息管理〈/title〉

(6)　〈/head〉

(7)　〈body〉

(8)　　教师信息管理

(9)　　〈hr /〉

(10)　　〈?php// 1 连接数据库和服务器

(11)　　$ host = "localhost"; $ user = "root"; $ pwd = "88888888";

(12)　　$ db_file = "jxgl"; $ tb_file = "rkjs";

(13)　　$ conn = mysql_connect($ host, $ user, $ pwd)or die("服务器连接失败,用户密码错误!");

(14)　　$ conn_db = mysql_select_db($ db_file, $ conn)or die(" $ dbs_file 数据库文件连接失败!");

(15)　　mysql_query("set names GB2312");

(16)　　//2　获得全部数据

(17)　　$ jsbh = trim($ _POST["jsbh"]);

(18)　　$ cmd = "select * from ". $ tb_file. "where 教师编号 = '". $ jsbh. "'";

(19)　　$ data = mysql_query($ cmd, $ conn);　　　　　　?>

(20)　〈?php　//3　返回首页

(21)　　if($ _POST["butt_cmd"] == "返回")

(22)　　　print　"〈a href = 'n-jw. php'〉返回";　　　　　?>

(23)　〈?php // 4 增加

(24)　　if($ _POST["butt_cmd"] == "增加"){

(25)　　 if(mysql_num_rows($ data)>0)

(26)　　　die($ jsbh. "已经注册"."〈a href = 'n-jw. php'〉返回");

(27)　　if(strlen(trim($ jsxm)) == 0 or strlen(trim($ jsdh)) == 0)

(28)　　　die("必须输入姓名、电话"."〈a href = 'n-jw. php'〉返回"); ?>

(29)　　〈form id = "form1"name = "form1"method = "post"action = ""〉

(30)　　　〈p〉教师编号〈input name = "jsbh"type = "text"value = 〈?php echo $ _POST["jsbh"]?〉〉〈/p〉

(31)　　　〈p〉教师姓名〈input name = "jsxm"type = "text"value = 〈?php echo $ _POST["jsxm"]?〉〉〈/p〉

(32)　　　〈p〉联系电话〈input name = "jsdh"type = "text"value = 〈?php echo $ _POST["jsdh"]?〉〉〈/p〉

(33)　　　〈p〉〈hr〉

(34)　　〈/form〉

(35)　〈?php

(36)　　$ cmd = "insert into rkjs(教师编号,教师姓名,联系电话)values(";

(37)　　$ cmd. = "'". $ _POST["jsbh"]. "'". ",'". $ _POST["jsxm"]. "'". ",'". $ _POST["jsdh"]. "')";

(38)　　$ data = mysql_query($ cmd, $ conn);

(39)　　print("教师信息已经成功增加."."〈a href = 'n-jw. php'〉返回");

(40)　　}　　　　?>

(41)　〈?php // 5　删除

(42)　if($ _POST["butt_cmd"] == "删除"){

(43)　　if(mysql_num_rows($ data) == 0)

(44)　　　die($ jsbh. "没有注册"."〈a href = 'n-jw. php'〉返回");

(45)　　$ rec = mysql_fetch_array($ data);　　　?>

(46)　　〈form id = "form1"name = "form1"method = "post"action = ""〉

(47)　　　〈p〉教师编号〈input name = "jsbh"type = "text"value = 〈?php echo $ rec[教师编号]?〉〉〈/p〉

(48)　　　〈p〉教师姓名〈input name = "jsxm"type = "text"value = 〈?php echo $ rec[教师姓名]?〉〉〈/p〉

(49)　　　〈p〉联系电话〈input name = "jsdh"type = "text"value = 〈?php echo $ rec[联系电话]?〉〉〈/p〉

```
(50)       <p> <hr>
(51)     </form>
(52) <?php
(53)       $ cmd = "delete  from  ". $ tb_file. "where 教师编号 = '". $ jsbh. "'";
(54)       $ data = mysql_query( $ cmd, $ conn);
(55)       print("教师信息被删除.". "<a href = \"n-jw. php\">返回");
(56)       }  ?>
(57) <?php //6  修改
(58)     if( $ _POST["butt_cmd"] == "修改"){
(59)       if(mysql_num_rows( $ data) == 0)
(60)         die( $ jsbh. "没有注册". "<a href = 'n-jw. php'>返回");
(61)       if(strlen(trim( $ jsxm)) == 0 or strlen(trim( $ jsdh)) == 0)
(62)         die("必须输入姓名、电话". "<a href = 'n-jw. php'>返回");
(63)       $ rec = mysql_fetch_array( $ data);?        >
(64)     <form id = "form1"name = "form1"method = "post"action = "">
(65)     <p>教师编号<input name = "jsbh"type = "text"value = <?php echo $ rec[教师编号]?>></p>
(66)     <p>教师姓名<input name = "jsxm"type = "text"value = <?php echo $ rec[教师姓名]?>></p>
(67)     <p>联系电话<input name = "jsdh"type = "text"value = <?php echo $ rec[联系电话]?>></p>
(68)     <p> <hr>
(69)     修改成为：
(70)     <p>教师编号<input name = "jsbh"type = "text"value = <?php echo $ _POST["jsbh"]?>></p>
(71)     <p>教师姓名<input name = "jsxm"type = "text"value = <?php echo $ _POST["jsxm"]?>></p>
(72)     <p>联系电话<input name = "jsdh"type = "text"value = <?php echo $ _POST["jsdh"]?>></p>
(73)     <hr />
(74)     </form>
(75) <?php
(76)       $ cmd = "update rkjs set 教师姓名 = ". "'". $ _POST["jsxm"]. "'";
(77)       $ cmd. = "where 教师编号 = \"". $ jsbh. "\"";
(78)       $ data = mysql_query( $ cmd, $ conn);
(79)       $ cmd = "update rkjs set 联系电话 = ". "'". $ _POST["jsdh"]. "'";
(80)       $ cmd. = "where 教师编号 = '". $ jsbh. "'";
(81)       $ data = mysql_query( $ cmd, $ conn);
(82)       print("教师信息已经成功修改.". "<a href = 'n-jw. php'>返回");
(83)       }      ?>
(84)     <?php //7 查询
(85)     if( $ _POST["butt_cmd"] == "查询"){
(86)       $ cmd = "select * from ". $ tb_file;
(87)       $ data = mysql_query( $ cmd, $ conn);
(88)       print "<table border = 1>";
(89)       print "<tr><td>序号</td><td>教师编号</td><td>教师姓名</td><td>联系电话</td>";
(90)       $ i = 0;
(91)       while( $ rec = mysql_fetch_array( $ data)){
```

```
(92)          $ i = $ i + 1;
(93)          print "<tr><td>". $ i. "</td>";
(94)          print    "<td>". $ rec[教师编号]. "</td>";
(95)          print    "<td>". $ rec[教师姓名]. "</td>";
(96)          print    "<td>". $ rec[联系电话]. "</td>";
(97)          print"</tr>";
(98)          }
(99)          print "</table >";
(100)         print  "<a href = 'n-jw. php'>返回";         }?>
(101)      </p>
(102)      </body>
(103)      </html>
```

程序说明： 例 7—10 网页程序同时完成增加、删除、修改操作。在例 7—9 设计的 n-7-8.html 网页程序中，用户选择了增加、删除、修改、返回的选项后，变量 $ butt_cmd 保存不同的结果。例 7—10 网页程序的设计思路如下所述：

（1）第（10）～（19）条语句检测输入的教师编号是否已经存在。将任课教师数据表的数据保存到 $ data 变量。如果教师信息已经不存在只能做增加处理，参见第（25）条语句；如果教师信息已经存在只能做删除、修改处理，可以分别参见第（43）、（59）条语句。

（2）第（20）～（22）条语句做返回处理，核心语句是第（22）条。

（3）第（23）～（40）条语句做增加记录处理。第（27）～（28）条语句先检测输入的教师姓名和联系电话是否符合规范。第（29）～（34）条语句显示输入的内容。第（35）～（40）条语句保存输入的内容到数据表，核心语句是第（36）～（38）条。

（4）第（41）～（56）条语句做删除记录处理。第（46）～（51）条语句显示输入的内容。第（52）～（56）条语句删除数据表的记录，核心语句是第（53）～（54）条。

（5）第（57）～（83）条语句做修改记录处理。第（64）～（74）条语句显示已经存在的和修改的内容。第（75）～（83）条语句修改数据表的记录，核心语句是第（76）、（79）条。

（6）第（84）～（100）条语句做查询记录处理。以表格的形式显示任课教师数据表的记录。

仿照例 7—9、例 7—10 这两个案例，可以设计教室信息管理程序（n-7-9.html）、课程信息管理程序（n-7-10.html）。

在如图 7—20 所示的窗口，输入教师编号、教师姓名、联系电话后，单击"增加"按钮，出现如图 7—21 所示的窗口，表示成功增加；输入教师编号，单击"删除"按钮，出现如图 7—22 所示的窗口，表示成功删除。单击"查询"按钮，以表格形式显示任课教师数据表的数据。

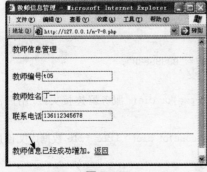

图 7—21

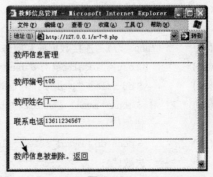

图 7—22

7.6　设计信息统计网页程序

7.6.1　信息统计网页程序

1. 信息统计网页程序的职能

信息统计程序的主要职能是统计数据表的记录个数和数据计算。统计程序主要是利用本书第3章中的 select 语句加工数据表的数据，得到数据后显示到网页页面。设计统计程序必须明确统计条件是什么。

教务信息统计主要是针对教学管理数据库（jxgl）的数据表，根据实际工作处理的需要进行数据加工工作。例如：

（1）显示学生的人数、教师人数、教室数、开课门数、选课人数。

（2）输入学号显示其选课数、平均分；输入课程号显示选课人数、考试成绩平均分。

本节实验数据来自本书第3章图 3—21、图 3—22、图 3—23、图 3—24、图 3—25。

2. 统计程序的结构

统计程序的处理流程主要有如下几项。

（1）组建统计语句：主要使用 select 语句的 count 函数。

（2）显示统计结果：接统计结果用表格的形式显示在网页页面上。

7.6.2　教务信息统计程序

1. 显示学生人数、教师数、教室数、开课门数、选课人数的程序

【例 7—11】　设计文件名是"n-7-11.php"的网页程序，显示学生人数、教师人数、教室数、开课门数、选课人数。

例 7—11 设计的网页程序 n-7-11.php 的语句如下：

```
(1)   〈html xmlns = "http://www.w3.org/1999/xhtml"〉
(2)   〈head〉
(3)   〈meta http-equiv = "Content-Type"content = "text/html; charset = GB2312"/〉
(4)   〈title〉教务信息管理〈/title〉
(5)   〈/head〉
(6)   〈body〉
(7)       教务实时信息
(8)       〈hr /〉
(9)       〈?php   //1   连接数据库和服务器
(10)        $ host = "localhost"; $ user = "root"; $ pwd = "88888888";
(11)        $ db_file = "jxgl";
(12)        $ conn = mysql_connect( $ host, $ user, $ pwd)or die("服务器连接失败,用户密码
           错误!");
(13)        $ conn_db = mysql_select_db( $ db_file, $ conn)or die(" $ dbs_file 数据库文件连接
           失败!");
(14)        mysql_query("set names GB2312");
```

```
(15)          //2 得到学生人数 利用 select 的 count 统计数据表行数.
(16)          $ cmd = "select count( * )  from  xsqk ";
(17)          $ data = mysql_query( $ cmd);
(18)          $ rec = mysql_fetch_row( $ data);
(19)          $ count_xsqk = $ rec[0];
(20)          //3 得到教师人数 利用 mysql_num_rows 统计数据表行数.
(21)          $ cmd = "select *  from  rkjs ";
(22)          $ data = mysql_query( $ cmd);
(23)          $ count_rkjs = mysql_num_rows( $ data);
(24)          //4  得到教室数
(25)          $ cmd = "select *  from  jsqk ";
(26)          $ data = mysql_query( $ cmd);
(27)          $ count_jsqk = mysql_num_rows( $ data);
(28)          // 5 得到开课门数
(29)          $ cmd = "select *  from  kcml ";
(30)          $ data = mysql_query( $ cmd);
(31)          $ count_kcml = mysql_num_rows( $ data);
(32)          //6  得到选课人数 由于 1 个人可以选多门课程,统计时用 count(distinct 学号)
(33)          $ cmd = "select count(distinct 学号)from  kscj ";
(34)          $ data = mysql_query( $ cmd);
(35)          $ rec = mysql_fetch_row( $ data);
(36)          $ count_kscj = $ rec[0];
(37)      ?>
(38)      <form id = "form1"name = "form1"method = "post"action = "">
(39)      <p>学生人数<input name = "jsbh"type = "text"value = <?php echo $ count_xsqk?>>
              </p>
(40)      <p>教师人数<input name = "jsxm"type = "text"value = <?php echo $ count_rkjs?>>
              </p>
(41)      <p>  教室数<input name = "jsdh"type = "text"value = <?php echo $ count_jsqk?>>
              </p>
(42)      <p>开课门数<input name = "jsxm"type = "text"value = <?php echo $ count_kcml?>>
              </p>
(43)      <p>选课人数<input name = "jsdh"type = "text"value = <?php echo $ count_kscj?>>
              </p>
(44)      <hr>
(45)      </form>
(46)      <a href = "index. html">返回
(47) </body>
(48) </html>
```

程序说明： 例 7—11 练习统计数据表记录的操作方法如下所述：

（1）第（15）～（19）条语句统计学生人数（count_xsqk），学生人数实际上就是学生情况表（xsqk）的记录行数，利用 select 语句的 count 函数可以得到结果。

（2）第（20）～（23）条语句统计教师人数（count_rkjs），教师人数实际上就是教师情况表（rkjs）的记录行数，利用 select 语句得到数据集合，再利用 mysql_num_rows 语句可以得到结果。

（3）第（24）～（27）条语句统计教室人数 X（count_jsqk），教室人数实际上就是教室情况表（jsqk）的记录行数，利用 select 语句得到数据集合，再利用 mysql_num_rows 语句可以得到结果。

（4）第（28）～（31）条语句统计开课门数（count_kcml），开课门数实际上就是课程目录表（kcml）的记录行数，利用 select 语句得到数据集合，再利用 mysql_num_rows 语句可以得到结果。

（5）第（32）～（36）条语句统计选课人数（count_kscj），选课人数实际上就是课程成绩表（kscj）的记录行数，由于一个人可以选多门课程，所以利用 select 语句的 count（distinct 学号）函数得到结果。

（6）第（38）～（45）条语句利用表单的文本域显示统计结果 count_xsqk、count_rkjs、count_jsqk、count_kcml、count_kscj。

例 7—11 网页程序的浏览结果如图 7—23 所示。

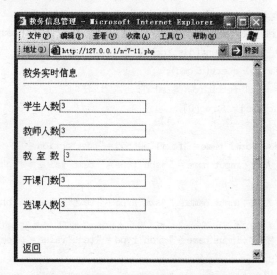

图 7—23　例 7—11 网页程序的浏览结果

2. 显示每个学生选课数和平均分

【例 7—12】　设计文件名是"n-7-12. php"的统计程序，显示每个学生选课数、平均分。

例 7—12 设计的网页程序 n-7-12. php 的语句如下：

```
(1)    <html xmlns = "http://www.w3.org/1999/xhtml">
(2)    <head>
(3)    <meta http-equiv = "Content-Type"content = "text/html; charset = GB2312"/>
(4)    <title>显示每个学生选课数、平均分</title>
(5)    </head>
(6)    <body>
(7)        显示每个学生选课数、平均分
```

```
(8)      ⟨hr /⟩
(9)      ⟨?php// 1 连接数据库和服务器
(10)       $ host = "localhost"; $ user = "root"; $ pwd = "88888888";
(11)       $ db_file = "jxgl";
(12)       $ conn = mysql_connect( $ host, $ user, $ pwd)or die("服务器连接失败,用户密码
               错误!");
(13)       $ conn_db = mysql_select_db( $ db_file, $ conn)or die(" $ dbs_file 数据库文件连接
               失败!");
(14)       mysql_query("set names GB2312");
(15)       // 2 建立表格显示数据
(16)       print "⟨table border = 1⟩";
(17)    print "⟨tr⟩⟨td⟩序号⟨/td⟩⟨td⟩学号⟨/td⟩⟨td⟩姓名⟨/td⟩⟨td⟩选课数⟨/td⟩⟨td⟩平均分
               ⟨/td⟩";
(18)       $ i = 0;
(19)    while( $ rec1 = mysql_fetch_array( $ data1)){
(20)       // 3 得到选课数
(21)       $ cmd2 = "select count( * )from kscj where 学号 = '". $ rec1["学号"]."'";
(22)       $ data2 = mysql_query( $ cmd2);
(23)       $ rec2 = mysql_fetch_row( $ data2);
(24)       // 4 得到平均分
(25)       $ cmd3 = "select avg(考试成绩)from kscj where 学号 = '". $ rec1["学号"]."'";
(26)       $ data3 = mysql_query( $ cmd3);
(27)       $ rec3 = mysql_fetch_row( $ data3);
(28)       //5 显示数据
(29)       $ i = $ i + 1;
(30)    print "⟨tr⟩⟨td⟩". $ i. "⟨/td⟩";
(31)    print   "⟨td⟩". $ rec1[学号]. "⟨/td⟩";
(32)    print   "⟨td⟩". $ rec1[姓名]. "⟨/td⟩";
(33)    print   "⟨td⟩". $ rec2[0]. "⟨/td⟩";
(34)     print   "⟨td⟩". $ rec3[0]. "⟨/td⟩";
(35)    print "⟨/tr⟩";
(36)    }
(37)    print "⟨/table ⟩";
(38)    ?>
(39)    ⟨a href = "index. html"⟩返回
(40)    ⟨/body⟩
(41)    ⟨/html⟩
```

程序说明： 例 7—12 练习统计多个数据表记录的操作方法。本程序学习如何处理 2 个数据表数据的方法，核心语句是第（20）～（27）条。

（1）第（20）～（23）条语句统计学生选课数。

（2）第（24）～（27）条语句统计平均分。

仿照例 7—12 可以设计显示每门课程选课人数、考试平均分的程序。

例 7—12 网页程序的浏览结果如图 7—24 所示。

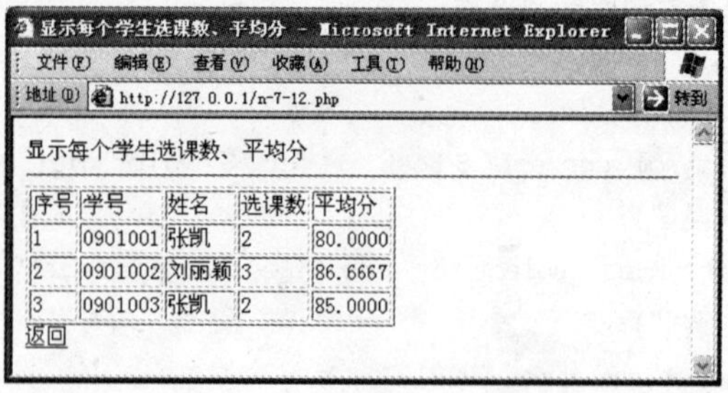

图 7—24　例 7—12 网页程序的浏览结果

7.7　设计信息查询网页程序

7.7.1　信息查询网页程序概述

1. 信息查询程序的职能

信息查询程序的主要职能是根据浏览者输入的查询要求得到查询结果。查询程序主要是利用本书中第 3 章的 select 语句加工数据表的数据，得到数据后显示到网页页面。设计查询程序必须明确查询条件和查询结果项。

教务信息查询主要是针对教学管理数据库（jxgl）的数据表根据实际工作处理的需要进行数据加工工作。例如：

（1）任意输入学号得到该学生的姓名、选修课程名称、学分、考试成绩。

（2）任意输入课程号得到该课程的课程名称、选课人学号、选课人姓名、考试成绩。

本节数据来自第 3 章图 3—21～图 3—25。

2. 查询程序的结构

查询程序的处理流程主要有以下几项。

（1）接收查询条件。主要利用表单的文本域、列表元素接收查询数据。

（2）组建查询语句。利用 select 语句进行数据加工。

（3）显示查询结果。利用表格显示数据结果。

7.7.2　教务信息查询程序

1. 任意输入学号得到该学生的姓名、选课课程名称、考试成绩

【例 7—13】　设计文件名是"n-7-13. html"的查询程序，任意输入学号，单击"查询"显示该学生的姓名、选课课程名称、学分、考试成绩、平均分、总学分。

例 7—13 设计的网页程序 n-7-13. html 的语句如下：

```
(1)  <html xmlns = "http://www.w3.org/1999/xhtml">
(2)  <head>
(3)  <meta http-equiv = "Content-Type"content = "text/html; charset = GB2312"/>
(4)  <title>查询</title>
(5)  </head>
```

(6)　〈body〉

(7)　〈p〉成绩查询〈/p〉

(8)　〈hr /〉

(9)　〈form id = "form1"name = "form1"method = "post"action = "n-7-13. php"〉

(10)　〈p〉学号〈input name = "xh"type = "text"size = "10"maxlength = "7"/〉

(11)　　　〈input name = "button"type = "submit"id = "button"value = "查询"/〉〈/p〉

(12)〈/form〉

(13)〈/body〉

(14)〈/html〉

程序说明： 例 7—13 输入学号后，单击"查询"按钮，n-7-13. php 网页程序处理数据。

例 7—13 网页程序的浏览结果如图 7—25 所示。

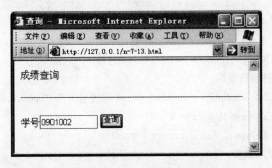

图 7—25　例 7—13 网页程序的浏览结果

【例 7—14】　设计文件名是"n-7-13. php"的查询处理程序，显示任意输入学号的姓名、选课课程名称、学分、考试成绩、平均分、总学分。

例 7—14 设计的网页程序 n-7-13. php 的语句如下：

(1)　〈html xmlns = "http://www. w3. org/1999/xhtml"〉

(2)　〈head〉

(3)　〈meta http-equiv = "Content-Type"content = "text/html; charset = GB2312"/〉

(4)　〈title〉显示每个学生选课数、平均分〈/title〉

(5)　〈/head〉

(6)　〈body〉

(7)　　〈p〉成绩查询〈/p〉

(8)　　〈hr /〉

(9)　　〈?php　//1　连接数据库和服务器

(10)　　　　$ host = "localhost"; $ user = "root"; $ pwd = "88888888";

(11)　　　　$ db_file = "jxgl";

(12)　　　　$ conn = mysql_connect($ host, $ user, $ pwd)or die("服务器连接失败,用户密码错误!");

(13)　　　　$ conn_db = mysql_select_db($ db_file, $ conn)or die(" $ dbs_file 数据库文件连接失败!");

(14)　　　　mysql_query("set names GB2312");

(15)　　　　$ cmd = "select * from xsqk where 学号 ='". $ _POST["xh"]. "'";

205

```
(16)        $ data = mysql_query( $ cmd);
(17)        // 2 检查记录是否存在
(18)        if(mysql_num_rows( $ data) = = 0)
(19)          die("查无此人!<a href = 'n-7-13. html'>返回");
(20)        $ rec = mysql_fetch_array( $ data);
(21)      print"<br>学号:". $ _POST["xh"];
(22)      print"姓名:". $ rec["姓名"]."<br>";
(23)      // 3 建立表格显示选课数据
(24)      print "<table border = 1>";
(25) print "<tr><td>序号</td><td>课程号</td><td>课程名称</td><td>学分</td><td>考试成绩</td>";
(26)      // 4 得到课程号、考试成绩
(27)      $ cmd1 = "select * from kscj where 学号 = '".trim( $ _POST["xh"])."'";
(28)      $ data1 = mysql_query( $ cmd1);
(29)      $ i = 0; $ sum_xf = 0;//计算总学分
(30)    while( $ rec1 = mysql_fetch_array( $ data1)){
(31)        // 5 得到选课数
(32)        $ cmd2 = "select * from kcml where 课程号 = '". $ rec1[课程号]."'";
(33)        $ data2 = mysql_query( $ cmd2);
(34)        $ rec2 = mysql_fetch_array( $ data2);
(35)        //6 显示数据
(36)        $ i = $ i+1;
(37)      print   "<tr><td>". $ i."</td>";
(38)      print   "<td>". $ rec1[课程号]."</td>";
(39)      print   "<td>". $ rec2[课程名称]."</td>";
(40)      print   "<td>". $ rec2[学分]."</td>";
(41)       print   "<td>". $ rec1[考试成绩]."</td>";
(42)      print "</tr>";
(43)        $ sum_xf = $ sum_xf + $ rec2[学分];
(44)      }
(45)      print "</table >";
(46)    // 7 得到平均分
(47)    $ cmd = "select avg(考试成绩)from kscj where 学号 = '". $ _POST["xh"]."'";
(48)    $ data = mysql_query( $ cmd);
(49)    $ rec = mysql_fetch_row( $ data);
(50)    print "平均分:". $ rec[0]."总学分:". $ sum_xf."<br><hr>";
(51)    ?>
(52)    <a href = "index. html">返回
(53) </body>
(54) </html>
```

程序说明:例7—14练习查询多个数据表记录的操作方法。本程序学习如何处理3个数据表数据的方法。

例7—14网页程序的浏览结果如图7—26所示。

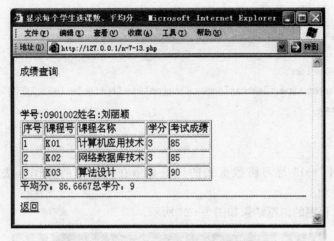

图 7—26　例 7—14 网页程序的浏览结果

2. 选择课程号得到该课程的课程名称、选课人学号、选课人姓名、考试成绩

【例 7—15】　设计文件名是"n-7-14. php"的网页程序，任意选择课程号，单击"查询"显示选择该课程选课人学号、选课人姓名、考试成绩、平均分。

例 7—15 设计的网页程序 n-7-15. html 的语句如下：

```
(1)  〈html xmlns = "http://www. w3. org/1999/xhtml"〉
(2)  〈head〉
(3)  〈meta http-equiv = "Content-Type"content = "text/html; charset = GB2312"/〉
(4)  〈title〉显示选课学生学号、姓名、平均分〈/title〉
(5)  〈/head〉
(6)  〈body〉
(7)     〈p〉成绩查询〈/p〉
(8)  〈hr /〉
(9)     〈?php
(10)    // 1 连接数据库和服务器
(11)       $ host = "localhost"; $ user = "root"; $ pwd = "88888888";
(12)       $ db_file = "jxgl";
(13)       $ conn = mysql_connect( $ host, $ user, $ pwd)or die("服务器连接失败,用户密码
              错误!");
(14)       $ conn_db = mysql_select_db( $ db_file, $ conn)or die(" $ dbs_file 数据库文件连接
              失败!");
(15)       mysql_query("set names GB2312");
(16)       $ cmd = "select *   from kcml ";
(17)       $ data = mysql_query( $ cmd);
(18)     ?〉
(19)  〈form id = "form1"name = "form1"method = "post"action = "n-7-15. php"〉
(20)     〈select name = "kcdm"id = "select"〉
(21)        〈?php
(22)     while( $ rec = mysql_fetch_array( $ data)){
```

207

```
(23)            $ title = $ rec[课程号]. "". $ rec[课程名称];
(24)          print    "<option value = '". $ title. "'>". $ title. "</option>";
(25)        }    ?>
(26)        </select>
(27)        <input type = "submit"name = "button"id = "button"value = "查询"/>
(28)      </form>
(29)    </body>
(30) </html>
```

程序说明：例 7—15 练习将数据表的记录显示在列表框的操作方法。核心语句是第 (22)～(25) 条。

例 7—15 网页程序的浏览结果如图 7—27 所示。

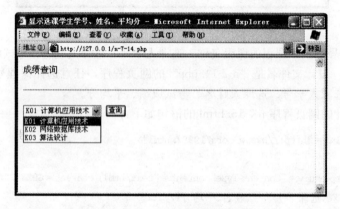

图 7—27　例 7—13 网页程序的浏览结果

【例 7—16】　设计文件名是"n-7-15. php"的查询处理程序，任意选择课程号显示选择该课程学生的学号、选课人姓名、考试成绩、平均分。

例 7—16 设计的网页程序 n-7-15. php 的语句如下：

```
(1)  <html xmlns = "http://www.w3.org/1999/xhtml">
(2)  <head>
(3)  <meta http-equiv = "Content-Type"content = "text/html; charset = GB2312"/>
(4)  <title>显示选课学生学号、姓名、平均分</title>
(5)  </head>
(6)  <body>
(7)      <p>成绩查询</p>
(8)      <hr />
(9)      <?php
(10)     //1 连接数据库和服务器
(11)         $ host = "localhost"; $ user = "root"; $ pwd = "88888888";
(12)         $ db_file = "jxgl";
(13)         $ conn = mysql_connect( $ host, $ user, $ pwd)or die("服务器连接失败,用户密码
                错误!");
(14)         $ conn_db = mysql_select_db( $ db_file, $ conn)or die(" $ dbs_file 数据库文件连
```

208

```
                    接失败!");
(15)         mysql_query("set names GB2312");
(16)          $ cmd = "select *   from kcml ";
(17)          $ data = mysql_query( $ cmd);
(18)          //2  得到课程代码
(19)     $ kcdm = trim(substr( $ _POST["kcdm"],0,3));
(20)      print"  〈br〉课程:". $ _POST["kcdm"];
(21)       //3  建立表格显示选课数据
(22)      print "〈table border = 1〉";
(23)       print "〈tr〉〈td〉序号〈/td〉〈td〉学号〈/td〉〈td〉姓名〈/td〉〈td〉考试成绩〈/td〉";
(24)       //4  得到课程号、考试成绩
(25)       $ cmd1 = "select *   from kscj where  课程号 = '". $ kcdm. "'";
(26)       $ data1 = mysql_query( $ cmd1);
(27)       if(mysql_num_rows( $ data) == 0)
(28)         die("无人选此课程.〈a href = 'n-7-14. php'〉返回");
(29)       $ i = 0; $ sum_xf = 0;      //计算总学分
(30)     while( $ rec1 = mysql_fetch_array( $ data1)){
(31)        //5  得到选课数
(32)        $ cmd2 = "select *   from xsqk where  学号 = '". $ rec1[学号]. "'";
(33)         $ data2 = mysql_query( $ cmd2);
(34)         $ rec2 = mysql_fetch_array( $ data2);
(35)        //  6  显示数据
(36)         $ i = $ i + 1;
(37)       print "〈tr〉〈td〉". $ i. "〈/td〉";
(38)       print   "〈td〉". $ rec1[学号]. "〈/td〉";
(39)       print   "〈td〉". $ rec2[姓名]. "〈/td〉";
(40)       print   "〈td〉". $ rec1[考试成绩]. "〈/td〉";
(41)       print   "〈/tr〉";
(42)     }
(43)       print "〈/table 〉";
(44)     //7  得到平均分
(45)       $ cmd = "select avg(考试成绩)from kscj where 课程号 = '". $ kcdm. "'";
(46)       $ data = mysql_query( $ cmd);
(47)       $ rec = mysql_fetch_array( $ data);
(48)       print "平均分:". $ rec[0]. "〈br〉〈hr〉";
(49)     ?〉
(50)     〈p〉  〈a href = "n-7-14. php"〉返回  〈/p〉
(51) 〈/body〉
(52) 〈/html〉
```

程序说明：例 7—16 练习查询多个数据表记录的操作方法。本程序涉及处理 3 个数据表数据的方法。

例 7—16 网页程序的浏览结果如图 7—28 所示。

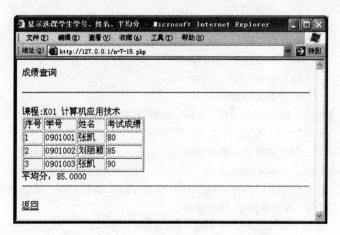

图 7—28　例 7—16 网页程序的浏览结果

思考题

1. 认真分析本章案例，调试本章案例程序。
2. 结合网上订票的应用，设计数据库模型和有关程序。

图书在版编目(CIP)数据

网络信息管理系统/李刚主编. —北京:中国人民大学出版社,2011.11
全国高职高专计算机系列精品教材
ISBN 978-7-300-14690-4

Ⅰ.①网… Ⅱ.①李… Ⅲ.①计算机网络-信息管理系统-高等职业教育-教材 Ⅳ.①TP393

中国版本图书馆 CIP 数据核字(2011)第 224510 号

全国高职高专计算机系列精品教材
网络信息管理系统
主编 李 刚

出版发行	中国人民大学出版社		
社 址	北京中关村大街 31 号	**邮政编码**	100080
电 话	010 - 62511242(总编室)	010 - 62511398(质管部)	
	010 - 82501766(邮购部)	010 - 62514148(门市部)	
	010 - 62515195(发行公司)	010 - 62515275(盗版举报)	
网 址	http://www.crup.com.cn		
	http://www.ttrnet.com(人大教研网)		
经 销	新华书店		
印 刷	中煤涿州制图印刷厂		
规 格	185mm×260mm 16 开本	**版 次**	2011 年 12 月第 1 版
印 张	14	**印 次**	2011 年 12 月第 1 次印刷
字 数	344 000	**定 价**	26.00 元

教师信息反馈表

为了更好地为您服务，提高教学质量，中国人民大学出版社愿意为您提供全面的教学支持，期望与您建立更广泛的合作关系。请您填好下表后以电子邮件或信件的形式反馈给我们。

您使用过或正在使用的我社教材名称		版次	
你希望获得哪些相关教学资料			
您对本书的建议（可附页）			
您的姓名			
您所在的学校、院系			
您所讲授课程的名称			
学生人数			
您的联系地址			
邮政编码		联系电话	
电子邮件（必填）			
您是否为人大社教研网会员	□ 是，会员卡号：＿＿＿＿＿＿＿＿＿＿＿ □ 不是，现在申请		
您在相关专业是否有主编或参编教材意向	□ 是　　　　　□ 否 □ 不一定		
您所希望参编或主编的教材的基本情况（包括内容、框架结构、特色等，可附页）			

我们的联系方式：北京市海淀区中关村大街 31 号
中国人民大学出版社教育分社
邮政编码：100080
电话：010-62515913
网址：http://www.crup.com.cn/jiaoyu/
E-mail：jyfs_2007@126.com